HR Management und Mutterschaft

Susanne Dietz gilt nach diversen Stationen in strategischer Mission als Personalentwicklerin bei namhaften Arbeitgebern als Expertin für Sinn, Employer Branding und Frauenförderung. Sie berät und coacht sowohl Einzelpersonen als auch Organisationen. Zu ihren Kund:innen zählen unter anderem DAX-Unternehmen, Organisationen im öffentlichen Dienst, Unternehmensberatungen und klein- und mittelständische Unternehmen verschiedenster Branchen. Darüber hinaus ist sie Keynote-Speaker, Autorin und Podcasterin.

Peter Kugler ist Pädagoge, Coach, Buchautor sowie Inhaber und Trainer der kontaktwerkstatt GbR. Er verfügt über langjährige Erfahrung als Spezialist für Recruiting, Personalmarketing und -entwicklung bei einem japanischen Konzern. Zudem beschäftigt er sich seit Jahren mit dem wichtigen Thema Persönlicher Kontakt zwischen Menschen und stellt dieses Thema in den Mittelpunkt seiner Arbeit.

Susanne Dietz / Peter Kugler

HR Management und Mutterschaft

Weibliche Fach- und Führungskräfte für Unternehmen sichern

Umschlagabbildung: © monkeybusinessimages iStockphoto

Bibliografische Information der Deutschen Nationalbibliothek
Die Deutsche Nationalbibliothek verzeichnet diese Publikation in der Deutschen Nationalbibliografie; detaillierte bibliografische Daten sind im Internet über http://dnb.dnb.de abrufbar.

DOI: https://doi.org/10.24053/9783381106325

- ein Unternehmen der Narr Francke Attempto Verlag GmbH + Co. KG
Dischingerweg 5 · D-72070 Tübingen

Internet: www.narr.de
eMail: info@narr.de

CPI books GmbH, Leck

ISBN 978-3-381-10631-8 (Print)
ISBN 978-3-381-10632-5 (ePDF)
ISBN 978-3-381-10633-2 (ePub)

Inhalt

Vorwort

Damals war ich Mitte 20 und Personalentwicklerin in einem Konzern. Donnerstagabend, ich saß im Büro meines Chefs. Etwas lustlos und mit Gedanken schon in der S-Bahn nach Hause setzte ich mich an den mit Papier überfüllten Besprechungstisch meines Chefs. Es ging um meine Kollegin. Sie hatte Anfang der Woche ihre Schwangerschaft verkündet und zu diesem Zeitpunkt bereits die Bereitschaft signalisiert nach wenigen Monaten Elternzeit von zu Hause aus ein paar Stunden arbeiten zu wollen. „Völlig ok," dachte ich und damit war das Thema für mich durch. Mein Chef, Vater von drei erwachsenen Kindern, sah dieses Vorhaben damals kritisch und äußerte in diesem Gespräch mit mir: „Es hängt im Grunde davon ab, wie das Kind ist. Das können wir jetzt noch gar nicht sagen, ob wir die Kollegin nach ein paar Monaten schon wieder einsetzen können." Stupide und fast lethargisch wiederholte ich seine Worte, ohne nur einen Funken Ahnung zu haben, was dieser wirklich bedeutet: „Jaja, das stimmt schon, wir müssen erst abwarten, wie das Kind ist."

Jahre später, als ich selbst Mutter wurde, schämte ich mich im Nachhinein für diese leidenschaftslose Unterhaltung. Zu meiner Verteidigung – und da sind wir schon beim Hauptproblem – ich hatte damals ja keine Vorstellung, wie unterschiedlich der Start in die Mutterschaft ausfallen kann, was Mutterwerden mit der eigenen Persönlichkeit macht und dass es da diese ungewisse Komponente Kind mit ganz individuellem Temperament gibt. Hinzu kommt die gesundheitliche Konstitution der Mutter, die Identitätsentwicklung zur Mutter, die das Wertegerüst komplett auf den Kopf stellt, Prioritäten verschiebt und damit in der Schwangerschaft stimmige Wiedereinstiegspläne gänzlich zu nichte machen können. Ich hatte wirklich keine Ahnung!

Ich frage mich auch heute noch oft, wäre es leichter gewesen, in der ersten Zeit mit meinem Baby, wenn mir jemand ehrlich und in all seinen Facetten erzählt hätte, was es wirklich bedeutet Mutter zu werden? Hätte ich es verstanden, welche Herausforderungen auf mich zukommen und was es mit mir und meinem Job macht, in dem ich doch immer so viel Sinn gefunden habe? Wieder: Keine Ahnung!

Doch eines weiß ich, da bin ich mir sicher: Ich hatte damals einen riesigen blinden Fleck – und das obwohl ich, wie mir oft zurückgemeldet wurde, als HR-Managerin meiner Zeit in vielen Dingen meiner Zeit immer voraus war. Mir war nicht bewusst, welch unglaubliches Potenzial in deutschen Unternehmen brach liegt: Das Potenzial der vergessenen Mütter. Frauen, die gut ausgebildet, hoch ambitioniert sind und dann schlichtweg vergessen und damit den Unternehmen als Fach- und Führungskräfte verloren gehen. Ganz einfach dann, wenn sie Mutter geworden sind. Unternehmen versäumen es diese Lebensphase mit ihren Mitarbeiterinnen gemeinsam zu gehen, so auch die Chance die Mitarbeiterin für eine langfristige Arbeitgeber-Arbeitnehmerinnen Beziehung zu sichern und damit gleichzeitig die komplette Organisation auf eine komplett neue Entwicklungsstufe zu heben. Es fehlen interne Prozesse sowie Entwicklungsmaßnahmen, aber vor allem das Bewusstheit über das Potenzial dieser Frauen und der Identitätsentwicklung als Mutter. Einst hoch im Kurs gehandelte webiliche High-Potentials sind für immer verloren.

Ich erinnere mich, eine ältere Kollegin erwähnte damals schon in einem Nebensatz beim Mittagessen, dass es doch dumm von Unternehmen wäre, nicht in die Mütter zu investieren. Denn angenommen eine Frau würde mit Mitte 30 ein Kind bekommen und lassen wir es mal 10 Jahre sein, in der die Mutter nur in Teilzeit zurückkommt, dann verbleiben mit Mitte 40 immer noch 20 Jahre Arbeitsleben, in dem die Mütter aber dann wirklich motiviert arbeiten können und werden. Weil sie den Job durch die Anstrengungen der Mutterschaft schätzen gelernt hat, weil sie gemerkt hat, wie wichtig der Job für ein erfülltes Leben ist, aber vor allem, weil sie dankbar ist, dass der Arbeitgeber die herausfordernde Zeit mit kleinen Kindern mit ihr gemeinsam gestemmt hat. Diese Mitarbeiterin ist nicht nur motiviert, sondern auch langfristig loyal. Das ist keine schwierige Rechnung. Und ich stimme ihr da nach 10 Jahren berufstätiger Mutterschaft vollkommen zu.

Wenn Vereinbarkeit, speziell Wiedereinstieg und die Integration weiblicher High-Potentials gelingen soll, dann müssen sowohl Arbeitgeber als auch Mütter selbst in die Verantwortung kommen. Sie dürfen die Lebensphase „Mutterschaft“ als gemeinschaftliches Projekt sehen und damit auch gemeinsam gestalten.

Und genau darum soll es gehen. Es geht uns – Peter Kugler und mir – in erster Linie darum im HR-Management Bewusstheit zu schaffen, dass weibliche Fach- und Führungskräfte bereits in Ihrem Unternehmen vorhanden sind. Viel zu viele gut ausgebildete Mütter kommen gar nicht oder nur in „minderwertige“ Positionen in die Arbeitswelt zurück. Wir möchten die Erkenntnis an smarte Arbeitgeber weitergeben, dass Vereinbarkeit als

Kulturmerkmal ein echter Wettbewerbsvorteil ist und damit sämtliche negative Vorurteile, die Mutterschaft mit sich bringen zu relativieren und zu beseitigen. Es geht darum, dass Arbeitgeber dann den Fach- und Führungskräftemangel deutlich mildern können, indem sie die Mitarbeiterinnen fördern, die bereits da sind bzw. von anderen Arbeitgebern vergessen wurden – ganz einfach, weil sie Mutter geworden sind. Wir möchten neben der aktuellen Situation von Müttern auf den Erfolgsfaktor des Kontakthaltens zwischen Arbeitgeber und Mutter eingehen, die Identitätsentwicklung von Frauen zur Mutter beleuchten und damit eine Antwort geben, warum Chefs oft nach der Elternzeit rückmelden „Da kam eine komplett andere Frau zurück!".

Wir bieten einen großen Blumenstrauß an Lösungen an, wie gelungenes HR-Management mit dem Thema Mutterschaft aussehen kann und Unternehmen dadurch Vorreiter in Sachen Arbeitgeberattraktivität werden können.

An verschiedenen Stellen des Buches auf den **Podcast buSINNess MOM**, der Podcast für Vereinbarkeit von Susanne Dietz verwiesen – z. B. erreichbar unter https://businnessmom.captivate.fm

1 Fachkräftemangel, Frauenquoten und verlorene High Potentials

“Sonst noch was?“

Die Situation von Unternehmen und Müttern ist auf beiden Seiten seit Jahren eine schwierige: In Unternehmen zieht der seit Jahren prognostizierte Fach- und Führungskärftemangel ein. Der Kampf um die besten Mitarbeiter:innen gestaltet sich zunehmend anstrengender und komplexer. Unternehmerische Existenzen drohen daran zu zerbrechen. Frauen hingegen wurden durch die Krisen der letzten Jahre, zu wenig zeitgemäßer Maßnahmen seitens Politik und Wirtschaft, aber auch aufgrund mangelnder Eigenverantwortung als wertvolle menschliche Ressource für Arbeitgeber vergessen. Ja noch weiter, sie drohen sogar mehr und mehr zurück in die Rolle der Frau im Heim zu kehren und damit unsichtbar zu werden. Die Investition in Bildung und Förderung von Frauen in den ersten Berufsjahren scheint damit wert- und sinnlos.

Im Folgenden skizzieren wir die aktuelle Situation für Unternehmen und vor allem auch für Mütter. Wir benennen die wichtigsten Faktoren, warum Vereinbarkeit aus unserer Sicht noch nicht gelingt und möchten dadurch einen allumfassenden und multiperspektivischen Überblick über das Thema geben.

1.1 Fachkräftemangel

„Seit Jahren nichts Neues“

Vor etwa 20 Jahren gab es bereits Prognosen, dass die Anzahl der arbeitssuchenden Akademiker:innen verschwindend gering werden würde.

Konkret vorstellen konnte sich das damals niemand. Wir selbst auch nicht. Denn trotz sehr guter Referenzen, Zensuren und Zertifikate brauchte man vor 20 Jahren immer noch eine große Portion Glück, um einen Job zu bekommen, der den eigenen Vorstellungen entsprach. Es war in der Tat so, Bewerber:innen mussten sich gut verkaufen können, bereit sein Kompromisse wie Wohnortwechsel einzugehen und proaktiv engagiert tätig zu werden. Heute, in Zeiten in denen Begriffe wie *Employer Branding* und *War for Talent* zum Standard-Portfolio jeder Personalabteilung gehören, hat sich das Blatt gewendet: Die Arbeitgeber sind es nun, die sich gut verkaufen dürfen und die Bewerber:innen stehen vor der Qual der Wahl.

Lassen Sie uns zu Beginn auf einige wenige relevante Zahlen sehen:

Laut Bundesministeriums für Wirtschaft und Klimaschutz (www.bmwk.de, Stand 24.9.2023) fehlen 630.000 Fachkräfte in Deutschland. Das ist die Anzahl der offenen Arbeitsstellen, für welche keine qualifizierten Bewerber verfügbar sind. Ein Drittel der internationalen Studierenden bleibt nach dem Studium in Deutschland und ist damit für den Arbeitsmarkt verfügbar. 2021 waren es drei von vier Frauen, die einer Erwerbsarbeit nachgingen.

Laut Statistischem Bundesamt (Destatis, Stand 24.9.2023) gehen im Jahre 2020 75 Prozent der Mütter einer Erwerbsarbeit nach. Davon sind 65,5 Prozent in Teilzeit – jede vierte Mutter geht einer geringfügigen Teilzeit von weniger als 15h/Woche nach –, während nur 7,1 Prozent der Väter in Teilzeit erwerbstätitg sind. (siehe Abbildung) Frauen gehen dadurch, dass sie den Großteil der Care-Arbeit im Haushalt übernehmen – Betreuung von Kindern, aber auch älteren pflegebedürftigen Familienangehörigen – dem Arbeitsmarkt zeitweise oder sogar dauerhaft verloren.

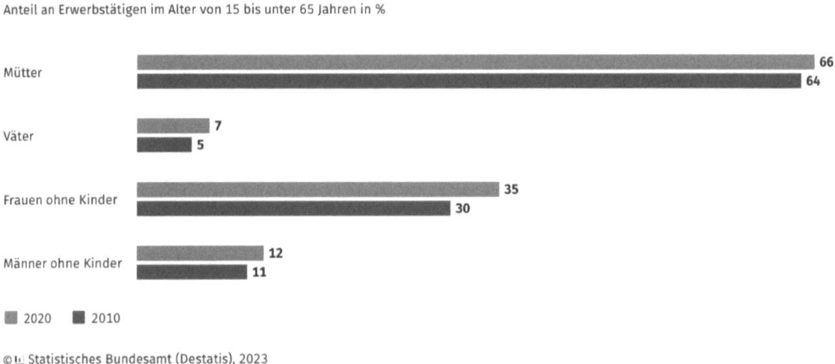

Bei den Frauen ohne Kinder sind es hingegen zwei Drittel der Erwerbstätigen, die in Vollzeit sind, so das Bundesminisiterium für Familie und Soziales in einem Bericht „Ausgeübte Erwerbstätigkeit von Müttern" von 2010.

Betrachtet man das Thema Kinderlosigkeit bei Akademikerinnen so ist festzuhalten, dass laut einer Studie (Bundesamt für Statistik) in 2018 bei

26 Prozent der Frauen mit Hochschulabschluss kinderlos waren. Das heißt im Umkehrschluss, dass 74 Prozent der Frauen mit Hochschulabschluss mit dem Thema Vereinbarkeit konfrontiert sind, was wiederum in der Besetzung von Fach- und Führungpositionen unbedingt berücksichtigt werden sollte.

Wir möchten uns hier gar nicht lange mit Statistiken und alarmierenden Zahlen aufhalten. Dazu gibt es seit Jahrzehnten hervorragende Publikationen und Arbeiten diverser Institute. Doch Fakt ist: Wir haben seit Jahren Fachkräftemangel in Deutschland, der nicht nur die MINT-Bereiche betrifft, sondern nahezu überall Einzug hält. Gleichzeitig haben wir exzellent ausgebildete Mütter, die zu Hause sitzen und vergessen wurden und irgendwann kaum Selbstbewusstsein für eine gelingende Rückkehr in den Arbeitsmarkt haben – wegen einer einfachen Tatsache, die so alt ist wie die Menschheit selbst: Sie sind Mutter geworden.

Ursula von der Leyen erwähnte es bereits 2008 im Rahmen der Initiative „Perspektive Wiedereinstieg“ des Bundesfamilienministeriums und der Bundesagentur für Arbeit:

> „Gelingt einer Mutter um das 40. Lebensjahr der Wiedereinstieg, gibt es auf allen Seiten nur Gewinner. Die Berufsrückkehrerin hat die große Chance, die rund 27 verbleibenden Erwerbsjahre bis zum Erreichen der Altersgrenze intensiv zu nutzen. Und zwar nicht nur für den eigenen Berufsweg, sondern – heute mindestens so wichtig – für eine solidiere und unabhängige finanzielle Absicherung im Alter. Auch für die Unternehmen rechnet sich die Beschäftigung von Frauen nach der Familienzeit. Wiedereinsteigerinnen sind in der Regel hoch motiviert, zuverlässig und reich an Lebenserfahrung und Kompetenz. Diese Erkenntnis muss in Zeiten eines nahenden Fachkräftemangels jeden pfiffigen Personaler aufhorchen lassen.“ (Allmendinger 2010, S. 23)

Was damals schon richtig erkannt und prognostiziert wurde, hat jedoch nun fast 15 Jahre später noch kaum Gehör gefunden und auch Arbeitgeber sind auch nur sehr zaghaft in die Umsetzung gekommen. Vermutlich war der Leidensdruck bisher noch nicht groß genug, um das Potenzial der gut ausgebildeten Mütter, die zu Hause vergessen wurden, zu heben.

Die amtierende Familienministerin Lisa Paus hat die große Chance für Arbeitgeber, Chefs und Personaler im Oktober 2022 auf den Punkt gebracht:

> "Wenn alle Frauen mit Kindern unter sechs Jahren so viele Stunden im Job arbeiten würden, wie sie Umfragen zufolge gerne möchten, dann hätten wir

mit einem Schlag 840.000 mehr Arbeitskräfte in Deutschland." (SZ 17.10.2022, „Familienministerin: Frauen als Lösung für Fachkräftemangel")

Das heißt für Arbeitgeber konkret: Wenn Deutschland attraktiver Wirtschaftsstandort bleiben möchte, dann muss es den Fachkräftemangel bezwingen. Es wird nur funktionieren, wenn sie die große, bisher nicht verinnerlichte Chance nutzen, die 800.000 gut ausgebildeten Frauen zurück in den Arbeitsmarkt zu holen.

1.2 Über die Anforderungen an die moderne Frau und die großartigen Abiturientinnen und Hochschulabsolventinnen

„Die Leistungstöchter unserer Gesellschaft"

Sabine Asgodom sagte in einem Gespräch, dass in den 1980ern die Frauenbewegung schon viel weiter fortgeschritten war, als wir es heute vorfinden.

Podcastfolge 53 *„Queen of fucking everything!"* – buSINNess® Talk mit Sabine Asgodom, 27.5.2021
https://businnessmom.captivate.fm/episode/queen-of-fucking-everything-businness-talk-mit-sabine-asgodom

Damals gab es viel mehr Solidarität unter Frauen und auch unter Eltern. Probleme wurden sichtbar gemacht und darüber gesprochen. In den letzten Jahrzehnten wurde diese Bewegung jedoch rückläufig. Frauen wurden leiser und weniger sichtbar. Es scheint so, als wären sie von der traditionellen Rolle der Frau eingeholt worden.

Beispielsweise hatte man während der Krise 2008 messen können, dass Werte wie Familie und dadurch auch die Lebensentwürfe von Frauen in der Krise verändert wurden. Plötzlich wurde das Kinderkriegen wieder attraktiver und auch die traditionelle Rolle der Frau einer *„Stay-at-home-Mom"* schlich sich fast unmerklich in die Köpfe junger Frauen.

Die Sache mit der Kindererziehung ist inzwischen ohnehin eine sehr komplizierte. Aus unserer persönlichen Sicht, mit noch recht kleinen Kindern, können wir sagen, nur um das Thema kurz anzureißen und die Herausforderungen junger Eltern zu skizzieren: Man kann es nicht richtig machen. Konzepte der Bedürfnisorientierung, welche fälschlicherweise oft so ausgelegt werden, dass die Kinder machen und tun dürfen, was sie wollen und gleichzeitig Selbstfürsorge-Trends, bei denen man ganz stark auf sich selbst achten sollte, um nicht eines Tages im Familien-Dschungel zu kollabieren, machen es richtig schwer: Bedürfnisse aller Familienmitglieder beachten, sich selbst dabei nicht zu vergessen. Das sei jedoch nur am Rande erwähnt, soll jedoch deutlich machen, dass sich Eltern und vor allem Frauen schon alleine in der Rolle der Erziehungsberechtigten oft überfordert fühlen. Junge Eltern fühlen sich zerrissen, verunsichert, verlieren den Kontakt zu sich selbst.

Es bedarf schon eines recht stabilen Wertekonstrukts sich in diesem Hin-und-her und Richtig-und-Falsch nicht zu verlieren. Was gleichzeitig absurd und unmöglich erscheint, wenn man sich die heftige Identitätsentwicklung einer Mutter ansieht, die automatisch einen Wertewandel mit sich bringt (siehe Kapitel 3).

Moderne Frauen stehen daher mehr als je zuvor vor den Herausforderungen mannigfaltige Rollen auf ganz unterschiedlichen Bühnen bespielen zu können:

- Die liebevolle Mutter, die ihre Kinder in ihrer Einzigartigkeit erkennt und damit individuell fördert und entwickelt.
- Die einfühlsame Partnerin, die die eigene Liebesbeziehung nicht aus den Augen verliert.
- Die nach wie vor ambitionierte Business-Lady, die Sinn in ihrem Job findet und dabei einen wertvollen Beitrag zu einer modernen Gesellschaft leistet.
- Und zuletzt die achtsame Frau, die Selbstliebe kennt und lebt und dabei auf einen gesunden und ausgeglichenen Lebensstil achtet.
- Und: Eine Frau, die es schafft, sich vom Perfektionismus zu lösen und dabei Gelassenheit für das ganze Familiensystem ausstrahlt.

Aus unserer Perspektive unmöglich: Frustration aufgrund überhöhter Ansprüche an sich selbst ist vorprogrammiert. Es erfordert ein gigantisches Maß an Selbstreflexion, ein Umfeld, das achtsam kooperiert und vielleicht auch manchmal ein bisschen Glück sich nicht komplett in all den selbst gesteckten Anforderungen zu verlieren. Denn auch das sei hier erwähnt: Vor allem Frauen neigen dazu die Erwartungen an sich selbst viel zu hoch zu stecken. Das große Lernfeld vieler Frauen ist: Netter zu sich selbst sein. Scheitern und dadurch verbundener Frust ist unumgänglich. Der Selbstwert sinkt. Ein selbstzerstörerischer Mechanismus.

In einer norwegischen Studie (von Scheppingen et al. 2018) wurden 84.000 Mütter zu ihrem Selbstbild als Mutter befragt. Die Befragungen fanden während der Schwangerschaft bis zum Alter des Kindes von drei Jahren wiederholt statt. Die Frauen sollten Fragen über sich selbst wie „Manchmal fühle ich mich komplett nutzlos“ beantworten. Dabei stellte Manon von Scheppingen und sein Team von der Universität Tilburg fest, dass das Selbstwertgefühl bereits während der Schwangerschaft zu schwinden begann und sich dieser Trend nach der Entbindung forsetzte, unabhängig davon, ob es sich um erstes, zweites, drittes etc. Kind handelte. Frauen trauten sich demnach, je länger sie in der Rolle der Mutter und je länger sie aus dem Jobumfeld heraus waren, weniger zu. Das Selbstbewusstsein sank und der innere Antrieb mit voller Kraft zurück in den Job zu kehren verschwand.

Gründe für das sinkende Selbstwertgefühl können wie folgt erklärt werden:

- Der Kontakt zu sich selbst geht verloren (siehe auch Identitätsentwicklung, Kapitel 3).
- Die körperlichen Veränderungen werden oft als negativ wahrgenommen und die Frau entspricht weniger dem gängigen Schönheitsideal.
- Die Beziehung in der Partnerschaft verschlechtert sich und es fehlt an Bestätigung der eigenen Persönlichkeit.
- Das gesellschaftliche Bild des Mutterseins vermittelt oft wenig Wertschätzung und entsprechende Bezahlung fehlt.
- Isolation der Mutter mit dem Kind zu Hause schwächen die Psyche, die sozialen Kontakte nehmen ab, Bestätigung und Interesse von Außen fehlen.
- Es mangelt an Ehrlichkeit unter Müttern und über echte Herausforderungen wird nicht gesprochen. Das Gefühl als Einzige „es nicht hinzubekommen“ macht sich breit.

Aufgrund des sinkenden Selbstbewusstseins und vor allem fehlender Bestätigung von Außen ist der Kontakt zwischen Müttern und Arbeitgeber ein so elementarer Bestandteil, dass Wiedereinstieg wirklich gelingt. Ausführlich gehen wir dazu in Kapitel 2 darauf ein. Arbeitgeber, Führungskräfte und HR-Manager dürfen sich dieses Phänomen bewusst machen und die Mütter in ihrem Unternehmen immer wieder aktivieren. Gleichzeitig bedarf es der Fähigkeit Wertschätzung für ihre besondere Leistung am Unternehmen sowie als Mutter an einer Zukunft für alle auszudrücken. Leider ist nicht selten das Gegenteil der Fall.

Ein Praxisfall dazu:
Maria, promovierte Psychologin und Personalentwicklerin im Konzern, ist das Zugpferd der Abteilung, so ihr Chef. Sie ist diejenige, welche gute Ideen einbringt, vorangeht, sich nicht scheut neue Projekte vor dem Vorstand zu präsentieren, ist empathisch gegenüber ihren Teamkolleg:innen. Sie wird intern als die neue Personalleiterin gehandelt. Eine Frage der Zeit.
Maria wird schwanger. Ab da wird alles anders. Sie wird von großen Projekten abgezogen, weil man ihr das nicht mehr zumuten könne. Einen Perspektivenplan für die Elternzeit und den Wiedereinstieg gibt es nicht, da müsse man kurz vorher betrachten, wie Maria dann wieder eingesetzt werden würde. Man unterstellt ihr, sie würde ja vielleicht gar nicht mehr zurückkommen oder nur für ein paar Stunden, ohne das mit ihr geklärt zu haben. Und der intrigante Kollege, der keinen Mehrwert für das Vorankommen der Abteilung bisher hatte und stets Sand im Getriebe war, schafft es nun sich für die Position des Personalleiters ins Gespräch zu bringen.
Maria ist traurig, wütend, frustriert und enttäuscht. Sie spricht jedoch intern mit niemanden darüber. Sie ist professionell, wie sie es immer war. Mit dieser großen Kränkung und der fehlenden Wertschätzung geht sie in die Elternzeit. In dieser Zeit gewinnt sie Abstand zu dem, was vorgefallen ist. Sie stellt zugleich fest, dass Muttersein nicht ausreicht. Sie will nach einem Jahr Elternzeit zurück in den Job.
Drei Monate vor Ablauf des Jahres in Elternzeit ruft sie daher ihren Chef an, um zu klären, wie sie gemeinsam ihren Wiedereinstieg gestalten können. Auf die Frage, wann und wie Maria denn wiederkommen könnte, antwortet ihr Chef überfordert: „Ach, das ist ja eine Überraschung, mit Ihnen hatten wir gar nicht mehr gerechnet. Ja, lassen Sie mich mal überlegen, also bei uns in der Abteilung... da kriege ich Sie beim besten Willen nicht mehr unter. Aber in der Nachbarabteilung, da wäre eine Sachbearbeiter-Stelle in Teilzeit frei. Die Aufgabe auf dieser Stelle beinhaltet Arbeitszeugnisse am Zeugnisgenerator schreiben. Sie müssten aber dann intern auf ihren Doktor-Titel verzichten. Sie

verstehen sicherlich, das wäre sonst ein wenig blöd für ihre künftigen Kollegen und Kolleginnen, die ja alle keinen Titel haben."
Maria kehrt zurück. Auf die Sachbearbeiterstelle. Sie verzichtet intern auf die Nennung ihres Doktortitels. Hatte aber unmittelbar nach dem Telefonat einen Entschluss gefasst: Ab jetzt nur noch Dienst nach Vorschrift – bis sich etwas Neues findet oder – sie vielleicht dann doch gleich noch ein zweites Kind bekommt.
Aus der einst so ambitionierten, talentierten und und fleißigen Mitarbeiterin ist unwiederruflich eine traurige, enttäuschte Nine-to-Five-Söldnerin geworden. Eine ausgezeichnete Mitarbeiterin für immer fürs Unternehmen und vielleicht sogar die ganze Arbeitsweilt verloren.

1.3 Fluktuation von Potenzialträgerinnen und sensitiver Punkt: Elternzeit

„Sucht ihr euch einen anderen Clown und ich such mir einen anderen Zirkus."

Woran liegt es, dass Frauen, welche ohnehin so diszipliniert, anspruchsvoll an sich selbst arbeiten aus den Talent- und Führungskräfte-Pools verschwinden und als Fach- und Führungskräfte für die Unternehmen nicht mehr verfügbar sind? Gehen wir ein paar Schritte zurück. An den Anfang jeder beruflichen Karriere.

Frauen haben die besseren Schul-, Hochschul- und Ausbildungsabschlüsse und sind auch in der Mehrzahl. Laut einer Pressemitteilung vom 27.2.2023 des Statistischen Bundesamts lag der Frauenanteil bei den Studienberechtigten – also Schulabgänger mit Hochschulreife – bei 54,3 Prozent.

Wie haben sich die Abiturientenquoten von Jungen und Mädchen über die Zeit verändert?

Abiturientinnen und Abiturienten am alterstypischen Jahrgang (1950–2019)

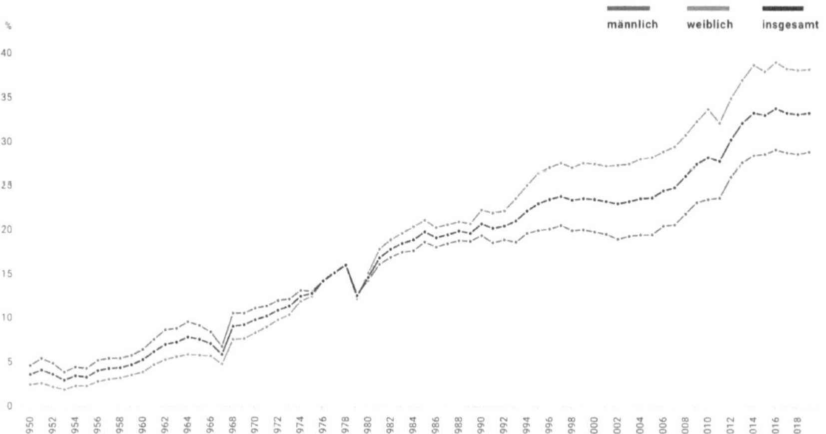

Anmerkung zur Abbildung:
Ohne Abiturient:innen von Abendrealschulen, Abendgymnasien, Kollegs und Externe. Der alterstypischJahrgang in Bundesländern mit 12 Jahren bis zum Abitur (G8) ist der Durchschnitt der 18- und 19-Jährigen, in Ländern mit 13 Jahren bis zum Abitur (G9) der Durchschnitt der 19- und 20-Jährigen.
Quelle: Marcel Helbig (2010). Sind Mädchen besser? Campus Verlag, S. 69; für die Jahre ab 2015 ergänzend Datenabruf von Genesis-Online Lizenz: Creative Commons by-nc-nd/3.0/de Bundeszentrale für politische Bildung, 2020, www.bpb.de https://www.bpb.de/system/files/dokument_pdf/201019_bpb_Abiturientenquoten_nach_Alter.pdf

Das heißt, die Startchancen in den Beruf und die Aussichten auf eine glänzende Karriere könnten nicht besser sein. Frauen und Mädchen gelten auch ferner als diszipliniert und zuverlässig. Sie absolvieren Ausbildung oder Studium in kürzerer Zeit als ihre männlichen Kommilitonen.

In Trainee-Programmen sind Frauen stets gut vertreten, doch blickt man dann in die Führungsmannschaften von Unternehmen, sind sie wenig präsent. Je höher die Hierarchiestufe, desto geringer ist der Frauenanteil. Dieses Phänomen ist auch unter dem Begriff der „*Leaky Pipeline*“ bekannt geworden. Auch das ist nichts Neues. Die Frauen scheinen in ihren 30ern bis 40ern regelrecht aus den Unternehmen zu verschwinden oder werden zumindest für die Karriereverläufe vieler Fachrichtungen unsichtbar. Wir gehen sogar soweit und sagen, man hat sie verscheucht, vergrault und vergessen. Die einstigen Leistungsträgerinnen der Unternehmen, in die Arbeitgeber viel investiert haben, sind einfach nicht mehr verfügbar.

Doch wie sollen der Frauenanteil in Führungsetagen erhöht werden und weibliche Fachkräfte eingesetzt werden, wenn sie verscheucht, vergrault und dann vergessen wurden? Es sind kaum noch Frauen da, oder aber man hat sie in den Unternehmen aus den High-Potential-Pools genommen aus einem einfachen und natürlichen Grund: Weil sie Mutter geworden sind.

Etwa 20 Prozent der Frauen in Deutschland sind gewollt oder ungewollt kinderlos (Statistisches Bundesamt Stand 26.9.2023) Das heißt jedoch im Umkehrschluss, dass sich 80 Prozent der Frauen mit dem Thema Mutterschaft und Job auseinandersetzen dürfen. Und stehen mit dieser doch nicht ganz so trivialen Herausforderung immer noch oft allein da. Da wird bagatellisiert, untertrieben und beschönigt. Das gesellschaftliche Bild von Mutterschaft mit all den Blind-Spots und Tabuthemen tut hier ihr übriges. Keiner mag hier so recht hinsehen und in die Verantwortung kommen: Politik, Arbeitgeber, Gesellschaft, Chefs, Kollegen, Väter und die Mütter selbst.

Wir sprechen hier von Ressourcenverschwendung. Es wurde viel Zeit, Geld und Hoffnung in diese Frauen investiert. Doch sobald diese Mutter sind werden sie entweder nicht mehr oder überbezahlt mit minderwertigeren Tätigkeiten eingesetzt. Human Resources Management muss hier effektiver und effizienter werden.

Das bedeutet, die Lösung liegt im ersten Schritt darin, dass wenn Vereinbarkeit gelingen soll, alle in die Verantwortung kommen müssen. Sowohl Arbeitgeber als auch die Mutter selbst. Es geht darum Mutterschaft zu begreifen, zu verstehen, was es im Kern für die Mutter, aber auch für den Arbeitgeber, den Chef und die Kollegen bedeutet. Es geht darum zu begreifen, dass konstruktive Arbeit mit dem Thema Mutterschaft echte Kulturentwicklung ist. Es braucht Vorbilder, Zeit und es geht uns einfach alle an. Arbeitgeber und Mutter dürfen diese besondere Phase als temporär begrenztes Gemeinschaftsprojekt ansehen. Ähnlich einer Auslandsentsendung: Diese darf vorbereitet, Qualifizierungen etabliert und Kontakt intensiviert werden, damit die Abwesenheit und damit der Wiedereinstieg erfolgreich für beide Seiten gelingen kann.

Doch wann, zu welchem Zeitpunkt verlieren Unternehmen die meisten Frauen? Generell kann man feststellen, dass vor allem die leistungsstarken Mitarbeiter die kürzere Zündschnur haben. Das heißt, die Mitarbeiter, welche gut ausgebildet sind und „Mangelware" am Arbeitsmarkt sind, sind auch diejenigen, welche als erstes die Unternehmen verlassen. Kein Wunder also, dass die gut ausgebildeten, ambitionierten Frauen, welche während der Elternzeit meist ohnehin mit einem Fuß aus den Unternehmen heraus sind, dann den zweiten Fuß nachziehen, sofern die Konditionen und auch der Kontakt zum Arbeitgeber nicht mehr stimmig sind.

In einem Gespräch mit Torsten Bittlingmaier – ehemaliger HR-Verantwortlicher der Telekom AG – hat er uns ganz deutlich geschildert: Die Frauen gehen nach der Elternzeit den Arbeitgebern verloren. Denn der Kontakt fehlt. In seinem Beispiel der Telekom AG schildert er, das Unternehmen habe daraufhin reagiert und ein Programm ins Leben gerufen, welches die sensitive Zeit der Elternzeit und Wiedereinstieg professionell begleitet und damit die Fluktuation von gut ausgebildeten Müttern mindern sollte. Die Reaktion finden wir vorbildlich. Solche Initativen haben jedoch leider immer noch Seltenheitswert in deutschen Unternehmen.

Podcastfolge 47 *„Führung in Teilzeit ist absolut möglich!"* – buSINNess® Talk mit Torsten Bittlingmaier, 21.1.2021
https://businnessmom.captivate.fm/episode/fuhrung-in-teilzeit-ist-absolut-moglich-businness-talk-mit-torsten-bittlingmaier

Die Soziolgion Prof. Dr. Daniela Grunow, Fachbereich Gesellschaftswissenschaften der Goethe-Universität Frankfurt, hat mit ihren Kollegen zur Fluktuation von Eltern und deren Gründe eine Studie veröffentlicht. Im Artikel „Familienfreundliche Personalpolitik – alles andere als Gedöns!" (2019) stellen sie ihre Ergebnisse vor: Zusammengefasst kann man sagen, dass Mitarbeiter:innen eher im Unternehmen bleiben, wenn es familienfreundliche Maßnahmen gibt. Dazu zählen:

- Kinderbetreuungsangebote (wie Betriebskrippen oder -kindergärten oder finanzielle Unterstützung)
- Angebote in der Elternzeit (z. B. Weiterbildungsprogramme, Coaching)
- Maßnahmen zur Frauenförderung (z. B. Mentoring)

- Langzeitkonten zur Freistellung für Familienzeiten.

Ganz konkret haben die Untersuchungen ergeben, dass 30 Prozent der Mütter nach der Elternzeit den Arbeitgeber wechseln, wenn es keine familienfreundlichen Maßnahmen gibt. Aber auch 20 Prozent der Frauen, die in einem Betrieb mit familienfreundlichen Maßnahmen arbeiten kündigen nach der Elternzeit. Das ist eine enorme Zahl.

Daher wollte ich hier mehr dazu wissen und konnte Daniela Grunow für einen Podcast gewinnen.

Podcastfolge 51 *„Die Illusion der süßen Familie ist ein echtes Problem!"* – buSINNess® Talk mit Prof. Dr. Daniela Grunow, 11.3.2021 https://businnessmom.captivate.fm/episode/die-illusion-der-suen-familie-ist-ein-echtes-problem-businness-talk-mit-prof-dr-daniela-grunow

Im Gespräch mit Daniela Grunow beschäftigten wir uns mit den fehlenden Initativen und Angebote für junge Eltern in Unternehmen. Folgende Kernaussagen sind für die Themen Mitarbeiter:innenbindung und Vereinbarkeit essenziell: Durch Bildungsexpansion haben Frauen heute einen viel höheren Bildungsstandard als ihre Mütter und Großmütter und auch in größerem Umfang erwerbstätig sind. Gleichzeitig ist es erklärungsbedürftig, dass viele Frauen Rückschritte in ihrer Profession machen. Ein Grund könnte darin liegen, dass Vereinbarkeit noch nicht sehr lange ein Thema in den Unternehmen und in deren Kultur sind. Viele Betriebe, so Grunow, sind in in ihren Strukturen an einem „Ideal des männlichen Vollzeiternährers" orientiert. Die männlichen Mitarbeiter haben gleichzeitg eine Frau daheim, die den Rücken 24/7 freihält.

Das ist eine Logik, die immer seltener funktioniert. Unternehmen sind in geringem Maße auf einen flexiblen Übergang zwischen Familien- und Erwerbsarbeit vorbereitet. Das bedeutet, die Arbeitgeber dürfen von Grund auf ihre Kultur und Strukturen überdenken und neu (er-)finden, indem sie z. B. Teilzeit-Erwerbstätigkeit während der Elternzeit ermöglichen und dadurch die Dauer der Abwesenheit während der Elternzeit minimieren. Denn Studien haben gezeigt, je länger die Elternzeit, desto weniger trauen sich Frauen zu und desto geringer sind die Chancen, dass die Frau in ihre Tätigkeit zurückkehrt. Gleichzeitig dürfen Mütter und auch Väter in die Verantwortung kommen, die klassischen Rollenbilder von „Ernährer“ und „Hausfrau“ aufzubrechen und für sich untereinander ein egalitäres System der Verteilung von Erwerbs- und Care-Aufgaben etablieren, welches wiederum für jede Familie individuell ist.

Diese Modelle gilt es gleichzeitig als Lösungen dem Arbeitgeber anzubieten, um gemeinschaftlich Elternzeit bestreiten zu können. Wichtig ist hier, dass nicht nur Eltern eigeninitiativ Lösungen anbieten, sondern auch Arbeitgeber die Strukturen für ein solches System der Gleichverteilungen bieten, wie z. B. Arbeitszeiten anpassen, Möglichkeiten für Homeoffice aber auch Kinderbetreuungseinrichtungen im Betrieb anbieten, um Fahrtwege zu verkürzen. Zusätzlich ist das direkte Umfeld der Familie in der Verantwortung.

Es geht hier vor allem darum traditionelle Rollenbilder aufzubrechen und tolerant für unterschiedliche Familienmodelle zu sein. Denn, eine Mutter, die sich entscheidet, recht früh nach der Geburt erwerbstätig zu sein oder ein Vater, welcher eben nicht erwerbstätig ist und für längere Zeit Elternzeit nimmt, werden oft vom Umfeld immer noch sozial sanktioniert. Was für die Eltern einer erhöhten Standfestigkeit in ihrer Persönlichkeit bedarf, um das eigene Modell und die eigenen Werte leben zu können.

Wenn Vereinbarkeit gelingen soll, dann geht das alle an:

- Die Mütter,
- die Väter,
- die Arbeitgeber,
- Chefs, HR-Verantwortliche,
- Kollegen,
- Freunde und
- Verwandte.

Es braucht neben einer wertschätzenden Haltung auf Augenhöhe neue Strukturen, Maßnahmen und auch Tools, damit Vereinbarkeit ein Erfolgsfaktor für innovative Unternehmen ist. Nur wenn alle in ihre Verantwortung kommen können weibliche Fach- und Führungskräfte in Unternehmen gesichert werden.

1.4 Mitschuldig: Werbung, soziale Medien, Sozialisation

„Falsche Vorbilder und falsche Vorstellungen"

„Ich sitze mit offenem Mund und offener Flasche Wein vorm Fernseher. Echt jetzt? Ich kann es immer noch nicht glauben. Hatte ich mich so darauf gefreut auf diese Reportage über Mütter in Top-Management-Ebenen. Die letzten 25 Minuten lassen mich als inzwischen erfahrene Dreifach-Mutter vom Glauben abfallen. Eine Aneinanderreihung von perfekten Illusionen. Von Vorbildern, die mir Angst machen, weil sie unerreichbar scheinen. Eine überhöhtes Vorbild jagt das Nächste: Eine Abteilungsleiterin, die, nachdem sie ihr 18 Monate altes Kind um 17:00 Uhr von der Krippe abholt noch mit dem Kind am Abend bastelt, dann das Kind innerhalb 3 Minuten ins Bett bringt um sich daraufhin mit einer Flasche Wein einen gemütlichen Pärchenabend mit ihrem Mann auf der Couch machen zu können. Oder die Chefärztin, Mutter von fünf Kindern, die bereits um 5:00 Uhr aufsteht, dann eine Stunde zur Klinik joggt – weil sie sonst Sport schwer in ihren Alltag integrieren könnte – daraufhin Leben rettet und gegen 16:00 Uhr nach Hause geht, weil sie dann noch einen Kuchen backen muss.
Und so geht es weiter. Eine Super-Frau nach der anderen. Unreflektiert falle ich zuerst in eine Emotion des Scheiterns. Ich komme mir minderwertig vor. Schaffe ich nicht mal annähernd das, was diese Frauen ebenso gutaussehend wie gut gelaunt meistern. Ich fühle mich als Versagerin. Nehme einen großen Schluck aus meinem Weinglas. Wie weit ist dieser Planet von jenen Über-Frauen von meinem entfernt? Meine Emotion des Scheiterns schwenkt um in Wut.
Ich bin wütend auf die Medien. Denn selbst wenn es diese Frauen wirklich in dieser Form gibt, helfen tun solche Beispiele nicht. Im Gegenteil, sie verharmlosen Mutterschaft, setzen Mütter unter Druck und auch Menschen ohne Kinder sind dadurch falsch informiert, was es wirklich bedeutet berufstätige Mutter zu sein. Das zieht einen Rattenschwanz an Konsequenzen mit sich: Mütter leiden an diesen überhöhten Vorbildern, fühlen sich minderwertig, sprechen nicht über ihre Herausforderungen – weil es ja scheinbar andere schaffen – und der Druck von kinderlosen Kollegen erhöht sich, weil sie kein Verständnis aufbringen können. „Andere schaffen es ja auch!" Ich beschließe den Fernsehabend für heute. Mache den Fernseher aus und leere ohne schlechte Emotionen mit Bewusstheit mein Glas Wein."

So ergeht es vielen Frauen, die Mutter werden. Sie haben eine komplett falsche Vorstellung von Mutterschaft und ihr Umfeld auch. Viele unterschätzen massiv diesen immensen Change-Prozess und was es für die Frau, ihr direktes Umfeld und auch das Arbeitsumfeld bedeutet. Der Schock ist dann groß, wenn die Realität eine gänzlich andere ist: größer, gewaltiger und fordernder. Die Medien, die mangelnde Aufklärung und falsche Vorbilder tun ihr übriges dazu.

Wenn nun moderne Frauen, gut ausgebildet, vor der Mutterschaft selbstbewusst und ambitioniert vom Radar der Arbeitgeber verschwinden, dann gibt es hier nicht nur eine:n Schuldige:n. Es ist ein Zusammenspiel von vielem. In erster Linie sehen wir Arbeitgeber und Mütter selbst in der Verantwortung, dass ein partnerschaftliches, langfristiges, motivierendes und erfolgreiches Miteinander gelingen kann. Doch gibt es noch zahlreiche andere Faktoren, die beeinflussen, dass Mütter in tradtitionelle Rollen rutschen, falsche Vorstellungen von Mutterschaft haben und dann enttäuscht sind, wenn die Realität ein gänzlich andere und vor allem schonungslos ist.

Traditionelle Rollen von Frauen

Jutta Allmendinger spricht im Interview in meinem Podcast von einer „Re-Traditionlisierung", welche die Frauen erleiden.

Podcastfolge 61 *„Es geht um ein eigenes Leben!"* – buSINNess® Talk mit Prof. Dr. Jutta Allmendinger, 22.2.2022
https://businnessmom.captivate.fm/episode/es-geht-um-ein-eigenes-leben-businness-talk-mit-prof-dr-jutta-allmendinger

Damit meint sie, dass Frauen schon zu Zeiten von Otto von Bismarck die Aufgaben im Haushalt übernommen, welche unbezahlt waren und Männer haben im Gegenzug die finanzielle Verantwortung für den kompletten Haushalt übernommen. Das gilt vor allem für Westdeutschland. Seit gut 20 Jahren hat sich das Blatt gewendet, da ist die Forderung laut, dass Frauen mehr erwerbstätig werden, gleichzeitig in die Infrastruktur wie Betreuungseinrichtungen für Kinder investiert wird. Die Frauen wissen heute, dass Erwerbstätigkeit auch gleichzeitig Sicherheit, finanzielle Freiheit und vor allem auch Absicherung im Alter bedeutet.

Jutta Allmendinger betont an dieser Stelle zu Recht: „Es geht um ein eigenes Leben!“ Denn Erwerbstätigkeit habe schon immer vor allem auch soziale Kontakte nach außen ermöglicht. Nicht zuletzt seit der Pandemie wurden Frauen von heute auf morgen in das „hochglorifizierte Homeoffice“ zurückgeholt und die ursprüngliche Arbeitsteilung lag wieder vor ihnen. Jutta Allmendinger sagt hier: „Sie waren und wurden verheimlicht“. Frauen sind dadurch wieder in die alten Rollen zurückgeworfen worden, wurden in den Unternehmen unsichtbar, waren ohne Kontakte nach Außen zu Hause und mit der vollen Verantwortung für Kinderbetreuung betraut.

Das heißt, wir haben die letzten Jahre vielmehr Rückschritt als Fortschritt erlebt, was die erwerbstätige Frau in Deutschland angeht. Hier gilt es wieder aufzuholen und Mutterschaft mit Fokus auf Erwerbstätigkeit neu zu definieren und moderne Strukturen für eine gleichberechtigte Arbeitsteilung zu schaffen.

Der schöne Schein der Werbewelt

Neben der genannten „Re-Traditionalisierung“ leiden Frauen und auch Männer an falschen Vorstellungen von Mutterschaft. Das fängt mit der Werbung an. In Windel-, Babybrei- und Schwangerschaftsvitamin-Werbespots sind nur gut gelaunte und ebenso überdurchschnittlich attraktive (werdende) Mütter zu sehen, die mit wehendem Haar, perfekter Figur und überschwänglichem Lachen ihr ebenso gut gelauntes, wohl genährtes Baby durch die Lüfte schwingen. Die Realität ist in der Regel eine andere. Nur sehen mag das niemand. Frauen kommen sowohl körperlich als auch psychisch durch Geburt, aber auch Wochenbett, die damit verbundene Hormonumstellung und die ersten Monate mit Baby, die ein komplett anderes Leben bedeuten an ihre Grenzen. 10 bis 15 Prozent entwickeln nach der Entbindung im ersten Lebensjahr des Kindes eine Wochenbettdepression.

Man kann davon ausgehen, dass die Dunkelziffer sehr viel höher ist, da es hier an Aufklärung fehlt und auch Scham der Mutter und das Aufrechterhalten der schönen Fassade ihr Übriges tun. Zudem kommt die Anstrengung, die je nach Charakter des Babys sehr unterschiedlich ist. Viele Babys weinen die ersten Monate. Weinen sogar sehr viel. Abendliche Schreistunden sind keine Seltenheit. Duschen und Essen für die Mama ist Luxus. Es gibt keine Pausen, keinen Feierabend. Mamasein ist ein 24-Stunden-Job.

Die gefährlichen sozialen Medien

Ein noch viel bedeutungsvollerer Einflussfaktor der heutigen Zeit, was die Vorstellung von Mutterschaft angeht, verbuchen die sozialen Medien auf ihrem Konto. Dieses Medium ist regelrecht gefährlich. Dort präsentieren sich sogenannte Mom-fluencer mit ihren durchtrainierten Körpern, ihren perfekten Brotdosen und ihren engelsgleichen Kindern. Manche gehen sogar soweit und nehmen Make-Up-Artist und Fotograf mit in den Kreißsaal, um ein möglichst perfektes und wunderschönes Bild von einer ebenso traumhaften Geburt präsentieren zu können. Auch hier: Die Realität ist anders.

Ich selbst habe sie nie gesehen, die blendend aussehenden Wöchnerinnen. Besucht man eine Geburtsstation, schleichen gebückte, blasse Frauen stillschweigend mit ihren Babys im Stationswägelchen über die Gänge. Oder aber sie werden sogar im Rollstuhl geschoben. Hier denkt kaum jemand an Optik. Hier geht's oft ums blanke Überleben. Was sich über das erste Babyjahr weiter hinausziehen kann. Und natürlich mag auch das niemand sehen. Die Instagram-Romantik der perfekten und glücklichen Mütter birgt großes Frustrationspotenzial, da unrealistisch Wunschvorstellungen genährt werden, die stark von der Realtiät der meisten Frauen abweichen. Es gibt inzwischen Untersuchungen, welche belegen, dass Depressionen durch erhöhten Social-Media-Konsum zunehmen, da die Relativierung zwischen Schein- und Seinwelt nicht gelingt.

Die vermeintlichen Vorbilder

Neben der konstruierten Mutter-Bilder in den (sozialen) Medien fehlt es in unserer Gesellschaft an sichtbaren Vorbildern.

Ich beobachte seit Jahren einen Trend, dass sich sehr erfolgreiche Frauen, teilweise Unternehmerinnen, als Vorzeige-Beispiel für gelungene Vereinbarkeit präsentieren. Da strahlen sie von den Covern deutscher Wirtschaftsmagazinen und sagen: Frau kann heutzutage alles haben. Und erzählen stolz, wie sie ein Millionenbusiness aufgebaut haben, ihre Babys trotzdem 12 Monate gestillt haben und hin- und wieder dann doch der Schlafmangel etwas anstrengend sei. Was jedoch in diesen Artikeln verschwiegen wird, dass diese Frauen vor allem in erster Linie über die finanziellen Ressourcen verfügen sich die Betreuungsmodelle und Dienstleister zu kaufen, die ein blendendes Aussehen, erfolgreiche Zahlen im Business und ein erfülltes

Familienleben ermöglichen. Nicht selten, wenn man weiter recherchiert, erfährt man, dass eben jene Vorbilder – neben Haushaltshilfen, Beauty-Experten, Personal-Trainer – für jedes Kind eine eigene Nanny und einen ganzen Stab an Babysittern haben.

Abgesehen davon, dass die wenigsten Mütter, rein hormonell, gar nicht bereit sind so früh ihre Kinder in die Fremdbetreuung zu geben ist dieser finanzielle Aufwand und Fremdbetreuung für die „normale" Familie unmöglich zu leisten. Vereinbarkeit scheint mit Fokus auf die vermeintlichen Vorbilder ein Privileg zu sein. Das motiviert wenig und frustriert vielmehr.

Die fehlende Offenheit unter Müttern

Es gibt immer noch zu wenige Mütter, die ehrlich über die Herausforderungen sprechen. Über die echten Herausforderungen. Dass Mutterwerden und Muttersein eben ganz oft keine rosarote und himmelblaue Idylle ist, sondern sie stetig über die eigenen Grenzen geht. Viele Mütter im Job simulieren nicht selten ein kinderloses Leben. Sie versuchen nach Außen weiter genauso zu funktionieren, wie vor der Mutterschaft oder wie ihre weiblichen kinderlosen Kolleginnen. Nur keine Schwäche zeigen.

Begründet ist dies in einer Angst, sie würden nicht mehr als belastbar genug gesehen, von Karrierelisten gestrichen werden oder aber, weil sie selbst ihren eigenen überhöhten Ansprüchen gerecht werden wollen. Das funktioniert meist nur auf Kosten der Mutter selbst. Denn wie soll ein gemeinschaftliches Miteinander und ein guter Kontakt zwischen Arbeitgeber und Mutter entstehen, wenn die Mutter vorgibt, eine ganz andere zu sein und nicht mit offenen Karten spielt (mehr dazu in Kapitel 4 bei Lösungen).

Die individuelle Biografie und Herkunftsfamilie

Neben all der aktuellen Einflüsse auf werdende und junge Mütter, findet man Einflüsse, die kulturell aber vor allem individuell in der eigenen Biografie verankert sind. Viele Mütter heute haben selbst noch eine eigene Mutter erlebt, die sich gänzlich der Kindererziehung gewidmet oder aber lediglich Teilzeit gearbeitet hat. Das Bild der arbeitenden Frau, welche auch noch Sinn in ihrem Tun – in ihrem erwerbstätigen Tun – findet, ist ein relativ Neues.

Man darf sich in diesem Zusammenhang klar machen, dass bis 1962 Frauen, ohne Zustimmung des Ehemans kein eigenes Bankkonto eröffnen duften und bis 1977 – gesetzlich geregelt – Frauen eine schriftliche Erlaubnis von ihrem Ehemann einholen und beim Arbeitgeber abgeben mussten, damit diese arbeiten durften.

Das ist gar nicht so lange her. Das wirkt in uns allen nach, ob wir wollen oder nicht, bewusst und ebenso unbewusst. Und eben diese Vorbilder, welche Frauen zum Teil direkt durch die eigene Mutter und indirekt durch das frühere gesellschaftliche Bild in früher Kindheit wahrgenommen haben meldet sich, sobald diese ebenso selbst Mutter geworden sind.

Diese Bilder kommen automatisch. Denn gerade in stressigen Zeiten schaltet unser Gehirn auf Autopilot, ganz einfach um Energie zu sparen. Das bedeutet es springen plötzlich Muster und Verhaltensweisen an, welche im Unterbewusstsein verankert sind. In der Regel sind dies jene, welche in der Kindheit erlernt wurden. Daher ist es gar nicht verwunderlich, dass viele Frauen in ihrer Identitätsentwicklung zur Mutter sagen:

> „Jetzt bin ich doch so geworden, wie meine eigene Mutter – dabei wollte ich das nie!“

Es bedarf daher hoher Selbstreflektion der jungen Frau, eines starken eigenen Wertegerüsts und hoher Fähigkeit zur zur Abgrenzung zu traditionellen Bildern, um den eigenen Weg mit der eigenen Persönlichkeit bestreiten zu können.

Mutterschaft ist in unserer Gesellschaft ein vielschichtig tabuisierter Prozess, welcher stark verschönt und zugleich bagatellisiert wird. Über die echten Herausforderungen und Anstrengungen mag keiner so recht sprechen, weil es sich unter anderem im Hinblick auf das schöne Ideal der Mutterschaft wie Scheitern anfühlt und sich gerade ambitionierte Mütter, welche bisher so viel im Leben gemeistert haben, nicht eingestehen wollen. Es braucht daher mehr Transparenz und Ehrlichkeit, was Mutterschaft und damit auch Vereinbarkeit angeht. Es braucht einen offenen Diskurs über die Herausforderungen und echte Vorbilder, welche Mut machen, anstatt einzuschüchtern und die eigene Leistung klein erscheinen lassen.

1.5 Multioptions- und Sinngesellschaft

„Fluch und/oder Segen?"

Während wir bei Müttern vor allem sich selbst auferlegte überhöhte Ansprüche und damit eigens konstruierte Überforderung bis hin zu fehlender Offenheit über die Herausforderungen beobachten, gibt es einen allgemeinen gesellschaftlichen Trend, der jedoch auch manchen Frauen und Mütter als Persönlichkeiten betrifft und daher für die konstruktive Frauenförderung wichtig ist zu beachten. Die zunehmend fehlende Belastbarkeit.

Die Generation Y, in den 1980ern geboren, und alle darauffolgenden Geburtenjahrgänge haben mit dem Aufwind von Wirtschaft, wenig Krisen in jungen Jahren und einem Gesundheitssystem, in dem es nahezu für jedes Wehwehchen ein Mittelchen gibt, von Grund auf eines vermittelt bekommen: Alles ist möglich. Für Jeden und vor allem auch für Jede! Nicht zuletzt die jungen Menschen, welche mit Casting-Shows und dem Berufsbild Influencer:in ganz natürlich als Professionsbild aufgewachsen sind haben die Illusion, alles sei möglich. Jeder kann erfolgreich sein und jeder kann reich werden.

Dass Erfolg auch für jene, Gewinner:innen von Casting-Formaten und steinreichen Influencer:innen, mit harter Arbeit verbunden ist, das sehen viele nicht und soll hier auch nicht Thema sein. Doch das Selbstverständnis für die unbegrenzten Möglichkeiten haben viele Menschen in unserer Gesellschaft verinnerlicht und fordern das auch so ein. Das heißt die jetzigen und künftigen Mitarbeiter:innen haben – auch aufgrund des Fachkräftemangels – die Qual der Wahl was ihre Profession angeht und fordern von ihrem Berufsumfeld viel.

> Hingegen Freiheit in einer Multioptionsgesellschaft, also die freie Berufswahl zu haben, bedingt auch immer Verantwortung. Vor allem Verantwortung für sich selbst und das eigene Gelingen oder Scheitern.

Wir erleben in unseren Beratungen, Workshops und Coachings – gefüttert von einem Alles-ist-möglich-Mindset – zunehmend eine schwindende Belastbarkeit von Menschen, was auch Frauen und Mütter betrifft. Daher ist es wichtig für Arbeitgeber, Führungskräfte und Personaler sich bei der Förderung von Müttern auch mit diesem Phänomen auseinanderzusetzen. Während in den letzten Jahrzehnten die Burnout-Zahlen stiegen und dadurch psychische Erkrankungen enttabuisiert wurden – letzteres ist absolut zu begrüßen – erleben wir einen Gegentrend, dass Mitarbeiter:innen zunehmend weniger ihre Komfortzone verlassen, sich schnell überfordert fühlen und dadurch normalen Belastungen im Arbeitsalltag nicht mehr standhalten können.

> Das heißt Arbeitgeber sind nun, nachdem jahrelange Generationen, welche zu hohe Ansprüche an sich selbst gestellt hatten und dadurch zu leidensfähig und schlussendlich oft erkrankt sind zu einer neuen Generation Mitarbeiter:in gelangt, welche von vornherein wenig belastbar ist.

Die Gründe mögen hier auch wiederum mannigfaltig sein. Einige seien hier erwähnt:

- Zum einen das Bewusstsein darüber, dass der Mensch in Deutschland Mangelware ist. Das heißt, die Mitarbeiter:innen sind sich durchaus im Klaren, dass Arbeitgeber seit Jahren um die besten Köpfe kämpfen. Dadurch fehlt das Mindset einen guten Job als Privileg zu haben, sich für diesen anzustrengen, um den Job auch behalten zu dürfen und dankbar zu sein gänzlich.
- Am Rande mag auch der Erziehungstrend der missverstandenen Bedürfnisorientierung erwähnt sein. Es gibt eine Vielzahl an Eltern, die Bedürfnisorientierung in ihrer Erziehung so leben, dass die Kinder tun und lassen dürfen, was sie wollen. Weil es ihr Bedürfnis ist. Das entspricht jedoch nicht dem Konzept der Bedürfnisorientierung, auf welches wir hier nicht näher eingehen wollen. Es bedeutet jedoch im Umkehrschluss, dass wir zunehmend mehr Menschen in unserer Gesellschaft vorfinden, welche es von Kindesbeinen an gewohnt sind, dass sie tun können, wonach ihnen gerade ist und bisweilen dadurch auch keine Rücksicht auf ihr Umfeld nehmen.
- Ebenso erleben wir, auch in unserer Elternrolle, einen frühen Trend zur „permanenten Glückseligkeit“. Damit meinen wir, dass Eltern ihren Kindern nicht mehr „erlauben“, auch mal traurig sein zu dürfen. Das heißt, da wird alles möglich gemacht, nur damit der kleine Spross nicht weinen muss. Dass dies für eine erwachsene Persönlichkeit fatal ist, ist

> vielen Eltern, die es so gut mit ihren Kindern meinen nicht bewusst: Denn wir müssen die kleinen Krisen bewältigen, Werkzeuge zur Krisenbewältigung dadurch erlernen, um dann auch die großen Krisen des Lebens bestehen zu können. Kinder dürfen und müssen sogar hin und wieder traurig sein und dadurch lernen und das Selbstbewusstsein erlangen, dass sie die Kompetenz haben, diese „Krise" bewältigen zu können. Ein schwedischer Kinderpsychiater sagte zu diesem Trend: viele Kinder heute hätten nie gelernt eine Krise zu bewältigen und werden dann im Teenager-Alter in die Psychatrie eingeliefert, weil sie Liebeskummer oder den Tod des Kanarienvogels nicht verarbeiten können. Sie haben die Werkzeuge der Krisenbewältigung im Kleinen nie erfahren.

Auch im Erwachsenenalter haben wir seit Jahren einen ähnlichen Trend. Ein Anspruch, dass das Leben immer schön ist und wir unser Glück stets selbst in der Hand haben. Die moderne spirituelle Szene – welche sehr viel Gutes mit sich bringt – unterstützt diesen Trend jedoch und verspricht nicht selten, man müsse sich nur in den „richtigen Energiezustand" bringen und schon läuft das Leben. Wir halten das für einen hilfreichen Ansatz, der unterstützend für mentale Gesundheit und eine positive Grundhaltung zum Leben sein kann. Jedoch funktioniert das Leben dann oft doch nicht so einfach, es gehören auch anstregende Phasen im Leben dazu und Frustration ist vorgrogrammiert.

Einen weiteren Trend, den wir hinsichtlich der sinkenden Belastbarkeit von Menschen beobachten ist das „Einzelkind-Phänomen": Ich hatte vor gut 15 Jahren ein Gespräch mit einer Ausbilderin, die bereits damals über zu wenige Bewerbungen klagte. Sie sah einen der Gründe darin, dass die Zahl der Einzelkinder bei uns zunähme und dadurch Eltern mehr (finanziell) unterstützen können. Da heißt es dann oft: „Probier das Studium doch mal aus. Wenn es nichts für dich ist, dann machst du halt was anderes." Das habe ich als Dozentin an Hochschulen ebenso erlebt. Gerade in den jüngeren Semestern gibt es viele „Besucher", die sich das erst mal ansehen, keine konkretes Ziel vor Augen haben und dadurch in schwierigen und anstrengenden Prüfungsphasen nicht in der Lage sind diese durchzustehen, weil ihnen das „Warum" und damit der Sinn fehlt. Ich würde das gar nicht auf Einzelkind oder Kind mit Geschwister beschränken. Es ist vielmehr eine gesellschaftliche Entwicklung, dass Bildung kein Privileg mehr ist und vielmehr zur unverbindlichen individuellen Selbstverwirklichung dient.

Das bedeutet, wir haben zum einen eine Multioptions-Gesellschaft – eine Gesellschaft, in der nahezu alles möglich erscheint – und gleichzeitig eine Sinn-Gesellschaft.

Die Menschen müssen vielmehr einen Sinn darin sehen, wenn sie arbeiten gehen. Während die Generationen früher noch arbeiten gingen, um zu leben – also um zu Überleben – gibt es heute viele, vor allem junge Leute, die ihren Job als Teil ihrer Identität und Selbstverwirklichung betrachten.

Vor allem Frauen streben sehr stark nach Sinn. Während wir beobachten, dass sich viele Männer oft noch in ihrer Ernährerrolle sehen, also in der Verantwortung durch ihre Erwerbsarbeit eine Familie zu ernährenv(nicht außer Acht lassen wir dabei sowohl Frauen, die arbeiten müssen, weil das Gesamteinkommen nicht ausreicht, als auch alleinstehende, alleinerziehende Frauen), und so auch einen „sinnlosen" Job einfacher ertragen – ähnlich zu früher, es geht ums Überleben – ist es bei einigen Müttern so, dass diese ganz genau berechnen, ob eine Rückkehr nach der Elternzeit Sinn macht. Mit Betreuungs- und Teilzeitmodellen ist die monetäre Ausschüttung für Frauen oft gering. Doch wenn schon finanziell unterm Strich nichts übrigbleibt, dann soll der Job und der damit verbundene Aufwand Kind in Fremdbetreuung zu geben und das Leben drum herumzuorganisieren Sinn machen.

Dessen sollten sich Arbeitgeber stets bewusst sein:

- Wir haben es zum einen – nicht nur bei Frauen – mit einer sinkenden Belastbarkeit von zunehmend mehr Mitarbeiter:innen zu tun. Sprechen Sie als Arbeitgeber offen mit der (werdenden) Mutter über die Mehrfachbelastungen mit Kind und Job und seien Sie hier realistisch, was Sie von der Mitarbeiterin fordern können.
- Haben Sie jedoch auch zugleich im Hinterkopf, dass nicht nur mangelnde Belastbarkeit, sondern auf der anderen Seite überhöhte Ansprüche an sich selbst bei Müttern ein Thema ist und Überforderung bzw. fehlende Selbstfürsorge zum Burnout führen können. Zum anderen dürfen sich Arbeitgeber bewusst sein, dass vor allem viele Mütter nach Sinn in ihrem Job streben. Diesen vielleicht sogar als Ausgleich zur Mutterschaft sehen. Wenn Sie als Arbeitgeber sich diesem Streben bewusst sind und diesem Bedürfnis nach Sinn gerecht werden können, dann steht zum einen einem erfolgreichen Wiedereinstieg aber vor allem

einer gelungenen langfristig erfolgreichen Arbeitgeber-Arbeitnehmerinnen-Beziehung nichts mehr im Wege.

1.6 Über die Verantwortung von Müttern, Vätern, Kolleg:innen und Arbeitgebern

„Vereinbarkeit geht uns alle an!"

Wenn nun Vereinbarkeit gelingen soll, und das kann es auch, dann gibt es einen ganz wesentlichen Schlüssel, der da heißt: Verantwortung. Wir haben die letzten Jahre beobachtet, dass wenn Vereinbarkeit eben nicht gelingt, Verantwortung nicht erkannt wurde, Verantwortung nicht übernommen und auf andere geschoben wurde oder aber Verantwortung auf zu wenigen Schultern getragen wurde. Kaum jemand möchte Verantwortung übernehmen, wenn es um Vereinbarkeit geht!

Vereinbarkeit ist keine Sache, die nur die Mutter selbst tragen kann. Wir möchten dafür appellieren, dass vor allem zwei Parteien in die Verantwortung kommen müssen:

- einerseits die Arbeitgeber, Führungskräfte und / oder HR-Verantwortliche und
- auf der anderen Seite, die hoch ambitionierten und gut ausgebildeten Mütter.

Was wir in unserer Arbeit in Unternehmen erleben, sind Mütter, die sich aufreiben, an ihren Idealen und an ihren überhöhten Ansprüchen leiden. Und das alles sehr leise. Sie legen sich unrealistische Ziele zurecht, nehmen sich vor lauter Überlastung und Verzweiflung einen so genannten Mama-Coach und das Ende vom Lied der ganzen Selbstoptimierung auf eigene Faust ist, dass sie völlig ausgebrannt und irgendwann frustriert den Arbeitgeber wechseln. Wenn Vereinbarkeit gelingen soll, dann müssen beide Seiten in die Verantwortung kommen. Sowohl Arbeitgeber als auch die Mütter und es reicht nicht aus den Müttern lediglich einen Coach an die Hand zu geben oder ein paar nette Worte zum Abschied in die Elternzeit mitzugeben. Es braucht ein übergeordnetes Konzept, das Mutterschaft als langfristige Investitionen fürs Unternehmen zum Ziel hat, unternehmerisch und zugleich menschlich klug gedacht ist und damit echte Mitarbeiterbindung und Mitarbeiterbegeisterung ermöglicht.

Die Realität sieht heute jedoch leider noch anders aus. Der Leidensdruck lastet noch immer vermehrt auf den Schultern der Mütter, Unternehmen realisieren erst langsam die langfristigen Konsequenzen des Fachkräftemangels und sind blind für das Potenzial, das vor ihnen liegt: die gut ausgebildeten Mütter im Unternehmen.

In den Unternehmen wird noch wenig getan, diesen Vorsprung durch durchdachte und ganzheitliche Konzepte der Vereinbarkeit zu sichern. Hingegen, wenn es um Lösungen für Vereinbarkeit geht, werden schnell Stimmen laut, dass die Politik mehr tun müsse: Das Thema in die Wahlprogramme bringen, mehr Betreuungsplätze etc.

Das ist aus unserer Sicht nur ein kleiner Teil der Lösung. Vereinbarkeit geht alle an. Die komplette Familie, das komplette Team in einer Abteilung, das ganze Unternehmen, ja die ganze Gesellschaft.

Kinder und deren Erziehung ist nicht nur eine individuelle persönliche Sache. Es geht hier vielmehr um einen Auftrag, der die Zukunft und die Gesellschaft definiert: die Kinder von heute sind die erwachsenen Entscheider von morgen. Daher sollten wir alle ein Interesse daran haben, dass Vereinbarkeit gelingt. Denn es kann nicht sein, dass junge Frauen selbst, aber auch der Staat und Arbeitgeber in Bildung investieren, alle Karrierewege in Aussicht stellen und diese gut ausgebildete Ressource dann einfach brach liegt. Das ist nicht nur unwirtschaftlich, sondern auch nicht besonders schlau von denjenigen, welche hier Zeit, Geld und Ressourcen investiert haben.

Daher geht es darum Mütter zu ermutigen in die Verantwortung zu kommen und ganz individuell gemäß ihrer Persönlichkeit, Werte und Lebenssituation passend ein Vereinbarkeitsmodell zu finden. Denn Vereinbarkeit ist weder starr noch für ewig in Stein gemeißelt. Das bedeutet, jede Frau darf für sich ein individuelles Modell finden, das jederzeit angepasst werden kann. Was heute noch funktioniert, kann morgen schon nicht mehr funktionieren. Und was für die eine funktioniert, mag für die andere nicht funktionieren.

Vereinbarkeit ist immer: vereinbar mit mir selbst!

Daher bedarf es eines vertrauensvollen und wertschätzenden Kontakts zum Arbeitgeber (mehr dazu in Kapitel 2). Aber eben auch Chefs, Personaler und Arbeitgeber dürfen sich bewusst sein, dass sie in der Verantwortung stehen, wenn Vereinbarkeit und damit das Potenzial der gut ausgebildeten Mütter genutzt werden will. Sie dürfen sich um engen Kontakt kümmern, Mutterschaft und Elternzeit als temporär begrenztes gemeinsames Projekt sehen und aber auch Teamkolleg:innen und die komplette Organisation als Wertebotschafter für gelingende Vereinbarkeit sensibilisieren (mehr dazu in Kapitel 4). Denn Vereinbarkeit geht uns alle an und wird nur funktionieren, wenn alle in ihre jeweilige Verantwortung kommen.

2 Warum es partnerschaftliches Miteinander braucht, damit weibliche Fach- und Führungskräfte bleiben

"Ich bin doch nicht mit meinem Job verheiratet!"

Wenn weibliche Fach- und Führungskräfte Mutter werden, dann gibt es eine Sache, die gleichermaßen zu offensichtlich und selbstverständlich ist und damit fast immer außer Acht gelassen wird. Eine Sache die gleichzeitig so einfach und doch schwierig ist: Der Kontakt zwischen Arbeitgeber und Mutter während der Abwesenheit in Mutterschutz und Elternzeit. Klassischerweise erhält die Mutter am letzten Arbeitstag noch einen Gutschein von einem Baby-Online-Shop, die besten Grüße der Belegschaft und den lapidar formulierten Satz hinterhergerufen: „Und melde dich doch, wenn das Baby da ist." Das war's dann.

Die wenigsten Führungskräfte erarbeiten und besprechen mit der werdenden Mutter einen strukturierten und fundierten Plan, welcher definiert und zugleich Commitment zwischen Arbeitgeber und Mutter signalisiert, wie der Kontakt während der Abwesenheit in Elternzeit geregelt ist. Das ist fatal: Denn der Kontakt während der Elternzeit bestimmt die Qualität und gleichzeitig das Gelingen des Wiedereinstiegs sowie die langfristige Bindung und Loyalität zum Unternehmen. Schlimmstenfalls stellt sich für die Mutter in einer kontaktlosen Abwesenheit die Frage, ob es sich überhaupt lohnt zurückzukehren.

Daher ist es nicht nur empfehlenswert, sondern ein absolutes Muss, wenn weibliche Fach- und Führungskräfte für das Unternehmen während der Elternzeit nicht verloren gehen sollen, eine konkrete Strategie zu erarbeiten, wie sich der Kontakt gestaltet. Diese Strategie kann sehr individuell sein, je nach Tätigkeit, Teamgröße, Branche etc. und sollte gleichzeitig flexibel anpassbar sein. Je nach Auslastung der Mutter nach der Geburt des Kindes. (siehe auch Muster Kontaktplan im Anhang und Kapitel 4)

In den folgenden Abschnitten werden wir das Thema Kontakt zwischen Arbeitgeber und Mutter näher beleuchten. Es geht um das Warum, um das wie und einige hilfreiche Denkanstöße zur Gestaltung eines wertvollen und gewinnbringenden Kontakts zwischen Arbeitgeber und Mutter.

2.1 Die Arbeitgeber-Mutter-Beziehung und warum guter Kontakt wichtig ist

„Ich habe ihn doch so geliebt..."

Die Arbeitgeber-Arbeitnehmer-Beziehung ist wie jede zwischenmenschliche Beziehung hochgradig individuell, unterschiedlichen Einflüssen ausgesetzt und sich stetig verändernd. Aufgrund der Komplexität von Einflussfaktoren und Faktoren der Beziehungsgestaltung ist auch die Beziehung zwischen Arbeitgeber und Arbeitnehmer:in in höchstem Maße fragil. Es braucht

- Achtsamkeit,
- Fokus und auch
- Pflege,

damit Beziehungen gelingen, sich Veränderungen im Außen anpassen und alle Beteiligten mit dieser Beziehung gesund wachsen können. Nur vergessen wir sehr oft, dass gute Beziehungen nicht einfach „passieren" – wie auch im privaten Umfeld – sondern harte Arbeit bedeuten. Vor allem in Krisen, dann, wenn alles in Frage gestellt wird, vieles neu definiert wird, zeigt sich, ob eine Beziehung stabil ist und damit Bestand hat.

Genauso verhält es sich auch mit der Beziehung einer (werdenden) Mutter zum Arbeitgeber. Die Mutterschaft ist eine „Krise" – Altes funktioniert nicht mehr und und Neues ist noch nicht da –, in der Werte neu definiert, geordnet werden, Identität und Persönlichkeit sich weiterentwickelt, was sich wiederum auf das Umfeld und auch auf den Arbeitgeber auswirkt. Daher ist die aktive Beziehungsgestaltung und -pflege sowie ein guter Kontakt zur Mutter eine der wichtigsten Aufgaben einer Führungskraft, wenn es darum geht, ambitionierte Fachkräfte für das Unternehmen zu sichern.

Es lohnt sich einen Blick auf die Phasen einer Beziehung zwischen Mitarbeiterin, welche Mutter wird, und ihrem Arbeitgeber zu werfen.

„Die große Liebe" - Wie alles beginnt.

„Ich heiße Clara, bin 26 Jahre alt. Mein Studium habe ich inklusive Auslandsaufenthalt mit hochkarätigem Abschluss absolviert. Ich konnte mir den Job aussuchen und habe nach einigen Gesprächen den Arbeitgeber gefunden, der absolut zu mir passt. Ich liebe die Produkte, ich brenne für die Mission des Unternehmens, ich habe sehr coole Kollegen, mein Chef unterstützt mich in meiner Entwicklung, wo er nur kann. Es ist mir egal, ob ich bis 22:00 Uhr in der Firma sitze und ein Projekt zu Ende bringe oder auch am Wochenende auf einer Messe stehe. Denn mein Job erfüllt mich, ich liebe, was ich tue und ich fühle mich von meiner Führungskraft gesehen und gefördert."

Wie oft hören wir von hoch engagierten Mitarbeiter:innen,

- „Ich liebe meinen Job",
- „Mein Job ist alles für mich" oder
- „Meine Kollegen sind meine Familie".

Voller Euphorie und Leidenschaft erzählen sie, wie viel Freude der Job macht, wie sehr er sie erfüllt, wie viel Kraft er ihnen gibt und welchen Stellenwert er damit in ihrem Leben hat. Ja, er sorgt neben der Partnerschaft/Familie oder einem etwaigen Hobby für die innere Stabilität. Wir gehen sogar so weit und sagen: Der Job ist für viele wichtiger als die eigene Beziehung, betrachtet man alleine die Quantität der Investition an Lebenszeit: Mit dem oder der Partner:in verbringen die meisten Arbeitnehmer weitaus weniger Zeit als in einem normalen Job mit acht Stunden am Tag.

Mitarbeiter:innen, die Sinn in ihrem Job erfahren, sind also glücklich, fühlen sich gesehen, gebraucht und wertgeschätzt. Die Werte von Mitarbeiter:innen und Unternehmen sind dieselben oder finden den Raum im Arbeitsumfeld gelebt zu werden. Beide Parteien bestätigen sich gegenseitig. Mitarbeiter:innen haben damit – zurecht – das Gefühl, dass sie etwas bewegen und es sinnvoll ist, was sie dort tun.

In dieser Phase ist der Kontakt zur Führungskraft in der Regel ein stabiler und enger. Kontakt findet hier oft „automatisch" aufgrund gemeinsamer Projekte oder auch Eigeninitiative von motiverten Mitarbeiter:innen statt. Es ist wie in der ersten Verliebtheitsphase zwischen zwei Menschen: Es scheint einfach zu funktionieren! Ohne viel Zutun verstehen sich Führungskraft und Mitarbeiter:in blendend, unterstützen sich gegenseitig, sind gut und gerne im Kontakt. Beide Seiten denken: Jackpot! Endlich habe ich den oder die Richtige:n gefunden!

Doch wie in jeder Beziehung endet die Verliebtheitsphase irgendwann – in der Regel spätestens nach zwei Jahren. Denn jede Seite entwickelt sich weiter, löst sich von möglichen Idealisierungen des Gegenübers. Man versteht nach und nach, dass der oder die andere doch nicht perfekt ist und kommt im Idealfall zu der Erkenntnis, dass das auch gut so ist. Schließlich akzeptiert man die Schwächen und integriert diese wertvoll in die Beziehung.

Und hier ist nun wiederum Kontakt wichtig, um rechtzeitig zu merken, ob sich Arbeitgeber und Mitarbeiter:in in dieselbe Richtung entwickeln, Werte teilen und auch gleich priorisieren, gemeinsame Ziele haben. Denn nur wenn dieser Kontakt, der anfangs von ganz alleine funktionierte, gehalten, kultiviert und aktiv gepflegt wird, kann dieser Basis für bevorstehende „Krisen-Situationen", in welcher auf beiden Seiten neue Herausforderungen stehen, sein und damit beide Parteien die Chance haben auf demselben Kurs bleiben können.

Seien Sie sich als Führungskraft in der Anfangsphase mit High Potentials bewusst: Kontakt halten und Mitarbeiter:innen motivieren ist hier einfach. Denn Ziele und Werte von Arbeitgeber und Mitarbeiter:in bestätigen sich. Nutzen Sie aber in dieser Phase, in der es scheint, von alleine zu gehen, den positiven Flow, um guten Kontakt zu stabilisieren und zu kultivieren, um so auch für Krisenzeiten und Veränderungen gewappnet zu sein.

Warum Veränderung unausweichlich ist, nicht nur für Mütter

„Es verändert sich. Immer. Alles. Für alle."

„Ich bin in der 13. Woche schwanger. Vor vier Tagen hatte ich das Gespräch mit meiner Chefin und habe sie über die Schwangerschaft informiert und auch sofort mein Commitment signalisiert, dass ich bis zur Entbindung für die Firma vollumfänglich zur Verfügung stehe und auch noch mit Kind für meine Arbeit da sein werde. Doch seitdem hat sich einiges verändert. Ich habe das Gefühl, meine Chefin nimmt mich nicht mehr ernst, schließt mich bereits jetzt von Meetings aus, die längerfristige Projektabsprachen beinhalten, und meine Perspektive auf die Leitungsstelle scheint zu bröckeln. Der intrigante Kollege manövriert sich durch die neuen Umstände geschickt in die Favoritenposition für diese Stelle. Er war bereits ein mal mit meiner Chefin und der Bereichsleiterin beim Mittagessen. Ich fühle mich vergessen, traurig, ja, ich mag sagen – es fühlt sich auch ein bisschen wie betrogen an."

Jede noch so große Liebe verändert sich. Immer. Denn die Welt und auch jeder von uns ändert sich täglich. Nur wollen wir das oft nicht wahrhaben, da die meisten von uns der Annahme unterliegen, Veränderung ist anstrengend – solange alles beim Alten bleibt, bleibt die Anstrengung aus. Doch das ist ein Trugschluss, denn niemand von uns kann Entwicklung aufhalten, nur wollen wir das oft nicht (ein-)sehen.

Kommt nun eine Schwangerschaft einer Mitarbeiterin ins Spiel, dann wird Veränderung zwangsläufig sichtbar. Und für alle Beteiligten – das Unternehmen, das Team, die Führungskraft und sämtliche Schnittstellen – bedeutet dies „Anstrengung" im Sinne, dass Anpassungen für die neue Situation vorgenommen werden müssen. Dass eine Schwangerschaft zwangsläufig für alle, immer Veränderung bedeutet, will oft nicht gesehen werden – eben, weil es mit Arbeit, Umdenken und Neudenken verbunden ist. Was aber auch gleichermaßen immer eine Chance ist, um festgefahrene Strukturen zu erkennen und zu optimieren.

Was wir in der Berufspraxis jedoch oft erleben, ist, dass die (werdende) Mutter sich zwangsläufig verändern muss, ja sogar gezwungen ist für gewissen Zeit komplett aus dem Berufsleben auszusteigen. Der Arbeitgeber, die Führungkraft und das Team hingegen versuchen an alten Strukutren festzuhalten, möglichst wenig Anpassungen an die neue Situation vorzunehmen und auch die Veränderung der Mutter nicht zu sehen. Das ist fatal: Denn genau hier gibt es den Bruch zwischen Mutter und Arbeitgeber.

Bedenken Sie zudem, dass Sie ab Bekanntgabe der Schwangerschaft bis zum Mutterschutz nur noch einen zeitlich befristeten intensiven Kontaktrahmen haben. Das heißt mögliche Fehltritte sind deutlich schwieriger wieder auszumerzen, sitzen tiefer und können mit in die Elternzeit genommen werden, wo sie in Abwesenheit und aufgrund mangelnder Möglichkeiten zur Klärung zur Eskalation führen können. Denn durch das Fehlen der täglichen aktiven Arbeitsbeziehung hat die Mutter weniger sozialen Kontakt zum Arbeitgeber und im privaten Raum mit Kind mehr Zeit zum Nachdenken, Sinnieren oder gar zum Grübeln. Dadurch werden Dinge oft größer und intensiver als es ihnen eigenlich zusteht. Vermisst die Mutter zudem zu viel von dem, was ihr so wichtig war und was sie ja über viele Jahre empfunden und bekommen hat, tritt Frustration, Resignation, ein Gefühl der Minderwertigkeit und eine beginnende innere Abkehr ein. Um das zu kompensieren, werfen sich manche, dann deutlich intensiver in ihre Mutterrolle als das ursprünglich zu vermuten gewesen war. Es kommt zur Kompensation, um die emotionalen Tiefschläge auszugleichen. Versäumen Sie es in dieser Phase spürbar zu werden, folgt oft die innere Kündigung.

Wenn Arbeitgeber es nicht schaffen, Bewusstheit intern zu schaffen, dass eine Schwangerschaft immer mit Veränderung für alle verbunden ist, gleichermaßen Chance ist, dann ist die Gefahr groß, dass der Kontakt zur Mutter verloren geht. Vor allem in Abwesenheit in Elternzeit ordnen sich Werte und Kompetenzen der Mutter neu. Und sobald der Kontakt verloren geht, ist, die Gefahr ebenso groß, dass sich der Kurs, die Blickrichtung und Ziele von Unternehmen und die der Mutter in völlig andere Richtungen entwickeln.

Wenn die Führungskraft nicht im engen Kontakt mit der Mutter ist, auf dem Laufenden bleibt, was die Mutter gerade bewegt, wo sie steht, wo sie hinwill, leben sich Arbeitgeber und Mutter zwangsläufg auseinander. Sie teilen nicht mehr dieselben Werte, die Mutter findet beim Arbeitgeber keinen Raum mehr ihre neue Wertehierarchie zu leben und sich bestäigt zu fühlen und demnach macht es keinen Sinn weiter in Kraft, Zeit und Energie für diesen Arbeitgeber zu investieren. Eine schmerzhafte Kündigung ist nicht selten die logische Konsequenz. Und wieder hat damit ein Arbeitgeber eine weibliche Fachkraft für immer verloren aus einem einzigen Grund – weil der Kontakt gefehlt hat und die Distanz als Mensch, aber auch in den Inhalten und Zielen unüberwindbar wurde.

Achten Sie als Führungskraft vor allem in Abwesenheit der Mutter – in Elternzeit – darauf engen Kontakt zu halten: Nur so bleiben Sie über Werte, Perspketiven und Ziele der Mutter informiert und haben so die Möglichkeit, sich gemeinsam in dieselbe Richtung zu entwickeln. Machen Sie sich bewusst, dass dieser Kontakt in dieser Phase nicht „einfach so passiert“: Es erfordert von beiden Seiten Wille, aktive Kontaktaufnahme und Bewusstheit für den Sinn des Kontakts.

Scheidungsgründe und was Unternehmen präventiv dagegen tun können.

„Wir haben uns auseinandergelebt."

> „Ich komme gerade aus der Krabbelgruppe mit meinem 8-Monate-alten Sohn. Mein Sohn liebt es und ich bin froh, dass ich unter Menschen komme. Singen von seltsamen Kinderliedern, dessen Sinn sich mir nicht erschließt, und endlose Diskussionen über Schlaf und Windelinhalt der Kinder haben mich anfangs ermüdet. Inzwischen habe ich mich daran gewöhnt, ja vielleicht freue ich mich sogar darauf. Vielleicht ist mein neues Leben als Mutter doch nicht so schlecht. Zumal das Telefonat mit meinem Chef gestern – das erste in dieser Elternzeit – nicht sehr motivierend ausfiel. Er schien sich nicht wirklich für mich zu interessieren, meine Fragen zum Wiedereinstieg konnte er mir nicht beantworten. Ich hatte das Gefühl, ich war ihm lästig. Und vor allem, ich glaube er kann und will mich auch nicht verstehen. Ich sehe gerade keine Lösung, wie ich in wenigen Monaten mit Kind wieder einsteigen soll. Vielleicht ist Vollzeit-Mama-sein doch nicht so schlimm."

Wir beobachten in unserer Beratungspraxis oft, dass sich Mutter und Arbeitgeber auseinanderleben, weil das Unternehmen sich nicht mit Thema und den neuen Werten der Mutter wie „Familie" oder „Gesundheit" auseinandersetzt. Damit verbundene Herausforderungen werden nicht gesehen oder nicht verstanden. Für manche Mütter fühlt sich das fast an wie Betrug, wenn Herausforderungen nicht gesehen oder bagatellisiert werden, interne Perspektiven auf mögliche Leitungsfunktionen platzen wie eine Seifenblase. Oder anstatt gemeinsam die Herausforderungen zu bewältigen, einfach Ersatz für die Mutter gefunden wird und sämtliche Türen sich intern schließen. Derartige Verletzungen sind demnach kaum zu heilen und die (werdende) Mutter bereits in einem sehr frühen Stadium verloren.

Hinzu kommt, dass der Mensch generell aufgrund der Funktion von Spiegelneuronen versucht sich dem Umfeld anzupassen. Sehr vereinfacht erklärt sind die Spiegelneuronen Nervenzellen im Gehirn, welche Verhaltensweisen im Umfeld beobachten, veranlasst mit eigenem Verhalten abzugleichen und ggf. Verhalten nachzuahmen. Wir als Menschen und soziale Wesen wollen dazugehören, gesehen und gemocht werden. Das bedeutet für die Mutter in Elternzeit, dass sie automatisch, je mehr sie sich in der Mütter-Blase bewegt und gleichzeitig wenig oder keinen Kontakt zur Arbeitswelt hat, automatisch die Werte der Mutter-Identität für sich priorisiert, sich an die

Menschen – in diesem Falle die anderen Mütter – anpasst, mit welchen sie die meiste Zeit verbringt und die eigene Arbeit gleichzeitig hintenanstellt, weil Arbeit keinen Raum mehr im Leben findet.

Das bedeutet, wenn die Mutter keinen stabilen und regelmäßigen Kontakt zum Arbeitgeber hat, driftet sie immer stärker in die Mütter-Bubble ab, relativiert möglicherweise ihre eigenen Werte zu Gunsten des Dazugehörens in der Mutter-Bubble und Motivation für Wiedereinstieg geht verloren.

Grundsätzlich gilt: Wenn sich Arbeitgeber nicht präventiv mit dem Thema Familie auseinandersetzen, fehlen dem Unternehmen familienfreundliche Kultur, Vorbilder, die Vereinbarkeit vorleben und auch familienfreundlich Maßnahmen.

Und wenn all dies fehlt, dann ist das ein Symptom dafür, dass sich Unternehmen und Mitarbeiter:innen, die Eltern sind, zwangsläufig auseinanderleben, dem Unternehmen dauerhaft verloren gehen. Oder aber zu Mitarbeiter:innen werden, welche gezwungenermaßen – meist aus finanzieller Not heraus – im Unternhemen bleiben, aber zu unmotivierten Nine-to-Five-Söldnern wurden. Ehemalige High-Potentials – egal ob Mann oder Frau – sind damit für immer dem Unternehmen verloren gegangen.

Führungskräfte und auch Mütter selbst stehen in der Verantwortung Kontakt, vor allem in Abwesenheit in Elternzeit, aktiv zu gestalten, um sich gegenseitig auf dem Laufenden zu halten und gemeinsame Ziele nicht aus den Augen zu verlieren. Strukturierte und bereichsübergreifend kommunzierte Kontaktpläne sind hier hilfreich, um Verbindlichkeit zu schaffen. Etablieren Sie unternehmensübergreifend eine Kultur, die Vereinbarkeit möglich macht. Schaffen Sie den Raum, dass Eltern den Wert „Familie“ auch in ihrem beruflichen Umfeld leben können und damit Sinn darin sehen, ihre Lebenszeit für das Unternehmen zu investieren.

2.2 Was guten Kontakt wirklich ausmacht

„Kontakt, das Herzstück für gelingende Beziehung zum Arbeitgeber."

Kontakt ist für die Sicherung von weiblichen Fach- und Führungskräften im gemeinsamen Projekt „Mutterschaft" Dreh- und Angelpunkt für Erfolg. Denn über die Qualität des Kontaktes zwischen Arbeitgeber und Mutter definiert sich die langfristige Bindung und Begeisterung fürs Unternehmen und damit auch der gemeinsame Weg auf der Lebensbühne „Arbeit".

Was heißt es für Sie persönlich, mit jemandem gut in Kontakt zu stehen? Welcher Mensch fällt Ihnen ein, von dem Sie sagen können, mit ihm oder ihr stehe ich gut in Kontakt?

Viele von Ihnen werden bei dieser kleinen Selbstreflexion feststellen, dass guter Kontakt zu Menschen – neben Sympathie und echtem Interesse – räumlich und zeitlich unabhängig ist. Es kann sein, dass Sie diesen Menschen, mit welchem Sie im guten Kontakt stehen, nur sehr selten sehen und auch die Frequenz des Kontakts, egal ob in Präsenz, telefonisch oder online sehr unregelmäßig sein kann. Denn in unserer Definition ist Kontakt nur ein Gefühl. Das »nur« ist nicht gleichzusetzen mit »wenig«, sondern ist im Sinne von »ausschließlich« zu verstehen.

Das heißt in unserem Kontext: Kontakt ist nichts anderes als ausschließlich ein Gefühl.

Und deshalb ist es durchaus möglich auch mit einer jungen Mutter, welche aktuell nicht arbeitet, trotz ihrer Abwesenheit gut in Kontakt zu sein. Sie müssen nur vor und während ihrer Abwesenheit für ein gutes Gefühl sorgen, das beide Seiten in die Elternzeit tragen und aufrecht erhalten. Gleichermaßen muss sich der Kontakt auch für Sie als Führungskraft und Vertretung des Arbeitgebers gut anfühlen. Sie müssen gerne im Kontakt stehen, gerne Zeit investieren, den Kontakt als Gewinn sehen. Dann sprechen wir vom stimmigen Kontakt auf beiden Seiten.

Achtung:
Kontakt gelingt nicht immer, da dieser in erster Linie auf der menschlichen Ebene entsteht. Keiner von uns Menschen kann mit jedem Menschen gleich gut im Kontakt stehen. Das bedeutet, wenn Sie zu einem Menschen so gar keinen Draht finden, mangelnde Sympathie und auch sonst keinerlei Schnittmenge an Wertschätzung auf beiden Seiten generiert werden kann, dann ist guter Kontakt schlichtweg unmöglich. Aber auch das ist menschlich. Führungskräfte dürfen hier ehrlich zu sich selbst sein und dann nach Wegen suchen, inwiefern eine Zusammenarbeit überhaupt gelingen kann.

Unternehmenskultur

Dieses gute Gefühl sollten Sie als verantwortliche Führungskraft versuchen zu vermitteln. Das bedeutet nicht, dass Sie Ihre Mitarbeiter:innen in Watte packen, sondern dass Sie ein entsprechendes Betriebsklima schaffen und eine entsprechende Kultur leben.

Können Sie beschreiben, welche Kultur bei Ihnen vorherrscht? Ist es die Kultur der Klarheit, der Nachsicht, der Flexibilität, der Strenge, der Angst, der Begeisterung, der Freude, der Transparenz? Gibt es Subkulturen, entsprechend den unterschiedlichen Abteilungen oder Standorte? Wovon sind diese abhängig? Von der Art der Aufgabe und Tätigkeit, von den Mitarbeitern geprägt, weil es ein entsprechender „Zusammenschluss“ bestimmter Charaktere ist, oder prägen die unterschiedlichen Kulturen eher die Führungskräfte?

Ziel ist es immer ein möglichst homogene und positiv konnotierte Kultur im Unternehmen zu haben. Eine Unternehmenskultur, die alle leben. Je nach Art der Kultur werden Ihre Mitarbeiter:innen ein entsprechendes Gefühl haben, wenn sie an ihren Job denken. In einer positiv konnotierten Kultur ist Loyalität und Motivation seitens Mitarbeiter einfacher zu leben als in einer negativ konnotierten Kultur, die beispielsweise geprägt ist von Misstrauen und Kontrolle. Kreieren Sie unternehmensübergreifend Raum für Dankbarkeit. Dankbarkeit von beiden Seiten. Im Falle einer Mutterschaft sprechen Sie immer wieder aus, wie dankbar Sie für die Mutter als Person mit ihren Fähigkeiten und Engagement sind. Und geben Sie so auch Raum für die Dankbarkeit der Mutter, dass Sie zusammen mit ihr durch die Phase der Mutterschaft gehen wollen und in eine langfristige Beziehung investieren wollen.

Stimmigkeit

Neben einer positiven Unternehmenskultur muss ein Kontakt stimmig sein, damit Mitarbeiter:innenbindung gelingt. Stimmig bedeutet in unserer Definition: Fingerspitzengefühl haben für die Situation des Gegenübers, das Gegenüber wirklich sehen. Das heißt für das Projekt Mutterschaft:

> Der Kontakt muss in den unterschiedlichen Phasen an die Situation der Mutter aber auch an die Situation des Unternehmens stetig angepasst werden.

Stimmig ist der Kontakt dann, wenn beide Seiten gerne im Kontakt sind und die Führungskraft weiß, worauf die Mutter gerade den Fokus legt.

Ein Beispiel:
Haben Sie als Führungskraft eine Mitarbeiterin im Team, die sich in den Mutterschutz verabschiedet und Sie spüren und wissen, dass der komplette Fokus auf dem Baby liegt und wohl auch noch eine ganze Zeit liegen wird, werden Sie, wenn Sie stimmig agieren wollen Gesprächsinhalte entsprechend wählen. Sie werden nicht die Karriere- und Wiedereintrittsszenarien besprechen, sondern durch entsprechende Inhalte das Gefühl vermitteln, dass Sie die Mutter in ihrer jeweiligen Situation wirklich sehen, Verständnis aufbauen können und keinen Druck ausüben.
Haben Sie dagegen, eine Mutter, die schon recht zeitnah nach der Geburt wieder in den Job einsteigen möchte, kann bei dieser die Sorge vorherrschen, ob sie ihren alten Job auch wiederbekommen wird. Daher würden Sie als Führungskraft bei Ihr nicht mit vagen Ausagen

wie „Das sehen wir, wenn es soweit ist." punkten, weil es nicht stimmig zum Sicherheitsbedürfnis der Mutter wäre.

Die eine Mitarbeiterin fühlt sich bei mehr Emotionalität und persönlicheren Themen in den entsprechenden Gesprächen wohl, eine andere möchte die nüchterne Distanz weiterhin wahren oder sogar steigern, weil sie das Bedürfnis hat sich und ihr Baby in ihrer Privatsphäre zu schützen. Eine weitere empfindet die kollegiale, aber herzliche Umarmung zum Abschied jetzt „plötzlich" als stimmig, obwohl sie vorher viele Jahre die distanziert wirkende Dame war. Kontakt ändert sich genauso wie Menschen und ihre Herausforderungen stetig und täglich. Sie dürfen und müssen daher immer Ihre Kommunikation der jeweiligen Situation und gemäß der damit verbunden Bedürfnisse anpassen, was wiederum echtes Interesse und Auseinandersetzen mit dem Gegenüber erfordert.

Unsere Empfehlung für guten Kontakt

Um guten und damit wertvollen für Mitarbeiterbindung und Unternehmenserfolg wirksamen Kontakt mit ihren Mitarbeiterinnen generieren zu können, ist es ratsam folgende Aspekte für guten Kontakt zu beachten.

- **Kontakt als Merkmal einer positiven Kultur**: Zeigen Sie sich als Führungskraft mitverantwortlich, eine positive Kultur im Unternehmen zu erschaffen, in welcher echter menschlicher und nachhaltig stablier Kontakt möglich ist. Signalisieren Sie deutlich Ihre Dankbarkeit für die Mutter als Person mit ihren Kompetenzen und Engagement in Ihrem Unternehmen. Geben Sie so Raum für gegenseitige Dankbarkeit, auch die Mutter darf dankbar sein, dass Sie in eine langfristige Beziehung investieren und den nicht immer einfachen Weg mit allen Lebensphasen gemeinsam bezwingen wollen.
- **Stimmigkeit**: Der Kontakt ist mit viel Fingerspitzengefühl von beiden Seiten an die individuelle Herausforderung von Mutter und Unternehmen angepasst. Beide fühlen sich wohl.
- **Investition von Zeit**: Nehmen Sie sich bewusst Zeit dafür und planen Sie feste Termine dafür ein.
- **Echtes Interesse**: Kontakt kann nur dann erfolgreich sein, wenn Sie wirklich an der anderen Person als Mensch interessiert sind. Schaffen

Sie daher eine Atmosphäre der Offenheit und Transparenz, die Tiefe zulässt.

- **Gesehen werden**: Vermitteln Sie Ihrem Gegenüber, dass sie ihn oder sie in Bedürfnissen, Ängsten und Emotionen wirklich sehen, wahrnehmen und darauf auch adäquat reagieren.
- **Wertschätzung**: Authentischer Kontakt ist exklusiv, das heißt nicht zu jedem möglich und daher umso wertschätzender, wenn er bewusst gehalten wird.
- **Verantwortung**: Durch echten Kontakt schaffen Sie Verbindlichkeit. Im Falle der Mutterschaft, geben Sie so der Mutter vor allem in Abwesenheit die Möglichkeit Teil der Arbeitswelt zu bleiben. Das ist essenziell wichtig: Denn vor allem Mütter in Elternzeit können schnell von der Baby-Bubble vereinnahmt werden, relativieren damit ihre berufliche Identität, stellen diese hinten an und verlieren so den Kontakt zu ihrem Berufs-Ich. Was nicht selten bei Frauen zu einer sehr späten Rückkehr in den Job führt oder sogar zur Neuorientierung mit Kündigung führt.
- **Raum für „Experimente"**: Echter Kontakt sollte immer vertrauensvoll sein und damit die Möglichkeit auf beiden Seiten schaffen, Dinge auszuprobieren oder auch Fehler zu machen. Wenn Sie es schaffen, während der Elternzeit einen guten Kontakt zur Mutter zu halten, können Sie diese – wenn von Seiten der Mutter gewünscht – minimal in Arbeitsabläufe mit einbinden, sodass die Mutter mit der Arbeitswelt verbunden bleibt und damit gleichzeitig den „Job-Muskel" neben dem Muskel der Mutterschaft weiter trainieren kann und dieser nicht verkümmert.

Wenn Sie als Führungskraft echten Kontakt zur Mutter schaffen, hat dies aufgrund oben genannter Punkte hohe Signalfunktion „Du bist uns wichitg! Wir investieren in dich! Wir wollen diesen Weg gemeinsam gehen!", definiert damit die Qualität der Beziehung und ist die Basis für langfristige Mitarbeiterbindung.

2.3 Der Kontakt vor, während und nach der Elternzeit

„Kontakt ist indivdiuell."

Kontakt ist omnipräsent und dadurch aber paradoxerweise nicht immer sichtbar. Eben weil er selbstverständlich wird. Gleichzeitig ist Kontakt aber einer der Erfolgsfaktoren schlechthin, wenn es um gute Führungsarbeit geht und bedeutet schlichtweg Arbeit. Daher ist es einmal mehr wichtig einen Blick darauf zu werfen, wie die Kontaktgestaltung zwischen Mutter und Führungskraft in den sensiblen Phasen vor, während und nach der Elternzeit aussieht.

Vor der Elternzeit

Es ist essentiell wichtig bereits vor der Schwangerschaft einen guten und stabilen Kontakt zur werdenden Mutter kultiviert zu haben. Denn spätestens während der Abwesenheit in Elternzeit gestaltet sich der Kontakt immer schwieriger, dieser muss dann von beiden Seiten zum einen gewollt und zum anderen aktiv gehalten und initiiert werden. Dies gelingt nur, wenn vor der Elternzeit weder Verletzungen stattgefunden haben noch Dinge nicht unausgesprochen geblieben sind und die Mutter ohne offene Fragen und mit einem vertrauensvollen Gefühl in die Elternzeit gehen kann.

Achten Sie als Führungskraft vor der Elternzeit darauf:
Schaffen Sie bereits bei Mitteilung der Schwangerschaft eine offene und vertrauensvolle Gespärchskultur. Sprechen Sie offen und ehrlich darüber, was das für Sie persönlich, das Team und das Unternehmen bedeutet. Wenn Sie mit Offenheit und Ehrlichkeit vorangehen, hat die werdende Mutter die Möglichkeit selbiges zu tun.
Planen Sie gemeinsam, wenn möglich mit dem Team zusammen, die Zeit bis zum Mutterschutz und stellen Sie bereits einen Plan für die Elternzeit und Wiedereinstieg auf. Das schafft Sicherheit und Commitment.
Lassen Sie keine Fragen offen, wenn die Mutter in Mutterschutz geht. Planen Sie am letzten Tag vor dem Mutterschutz einen Gesprächstermin ein, indem alle offenen Punkte geklärt werden, Platz für negative Emotionen ist, damit diese nicht mit in die Elternzeit genommen werden und dort womöglich umso größer werden. Kreieren Sie zusammen einen Plan für die Elternzeit und Wiedereinstieg den sie diesem letzten Gesprächstermin gemeinsam absegnen.

Während der Elternzeit

In der sensiblen Phase während der Elternzeit – also in Abwesenheit der Mutter – ist es unabdingbar einen festen Plan zu vereinbaren, wie der Kontakt während der Elternzeit gestaltet ist. Um dies zu gewährleisten, bewähren sich unternehmensinterne Kontaktpläne. Diese schaffen Struktur und Verbindlichkeit. (siehe Anhang und Kapitel 4.6.)

Fragen, die für die Erstellung eines Kontaktplans während der Elternzeit helfen, könnten sein:
Wann findet der erste Kontakt nach der Geburt des Kindes statt?
Wer meldet sich bei wem? Vermeiden Sie „Einbahnstraßen“: Die Mutter darf auch diejenige sein, welche den Kontakt aktiv intitiiert. Idealerweise wechseln sich Führungkraft und Mutter ab. Das zahlt sich positiv hinsichtlich „Kontakt auf Augenhöhe“ aus.
In welcher Form findet der Kontakt statt? (telefonisch, per Online-Meeting, persönlich, ...)
Welchen Turnus wählen wir? (wöchentlich, monatlich)
Wie gestaltet sich der Kontakt zu den Kolleg:innen?
Darf die Mutter während der Elternzeit für fachliche Fragen kontaktiert werden? Wenn ja, wie oft und in welcher Form? Hier sollte der/die Vorgesetzte eine klare Erwartungshaltung formulieren.
Vereinbaren Sie in in jedem Gespräch während der Elternzeit bereits den nächsten Termin. Passen Sie Turnus oder Form ggf. an die Bedürfnisse der Mutter an.

Wie ein konkreter Plan aussehen könnte, mehr dazu in Kapitel 4.6.

Zeigen Sie sich flexibel und passen Sie den Kontakt stetig an ihre eigenen Bedürfnissen, den Bedürfnissen des Unternehmens und jenen der Mutter an.

Nach der Elternzeit

Unmittelbar vor dem Wiedereinstieg empfehlen wir Führungskräften den Kontakt zu intensivieren, ursprüngliche Wiedereinstiegspläne zu prüfen und gegebenenfalls anzupassen. Beim Wiedereinstieg selbst trägt die Führungskraft mit die Verantwortung, damit die Mutter gut in das Team re-integriert werden kann. Oftmals wird dieser Prozess der Re-integration unterschätzt, denn gerade Teammitglieder sind sich oft nicht bewusst, dass es nicht einfach weitergeht wie vor der Elternzeit. Der Wiedereinstieg verhält sich im Grunde ähnlich wie die Integration eines neuen Teammitglieds, auch wenn die Person in diesem Falle vielleicht schon über Jahre bekannt ist. Doch was nicht vergessen werden darf ist die Persönlichkeitsentwicklung, welche die Mutter in Abwesenheit durchlaufen hat (siehe Kapitel 3), neue Kompetenzen durch die Mutterschaft erlangt hat und auch über Monate in unternehmensinterne Prozesse nicht involviert war. Es empfiehlt sich daher bei Wiedereinstieg in eine Teamentwicklungsmaßnahme zu investieren, welche sich mittel- bis langfristig immer lohnt. Denn so können im Vorfeld Ängste und Verunsicherungen im Team und seitens rückkehrender Mutter gesehen und bearbeitet werden und konkret Pläne erstellt werden, wie alle in die Verantwortung kommen, damit die Mutter als vollwertiges Teammitglied mit ihren neuen Herausforderungen ins Arbeitsleben zurückkommen kann und ein gemeinsames Ziel für das Team definiert wird.

Die direkte Führungskraft ist im Kontakt mit der Mutter das Bindeglied zwischen Unternehmen und Mutter und hat damit eine zentrale und wichtige Funktion.

Beim **Wiedereinstieg** achten Sie als Führungkraft auf folgende Punkte:

Intensivieren Sie kurz vor Wiedereinstieg den Kontakt zur Mutter und überprüfen Sie gemeinsam Wiedereinstiegspläne. Nehmen Sie ggf. Anpassungen vor.

Nehmen Sie sich am ersten Arbeitstag der Mutter genügend Zeit, um diese wieder ankommen zu lassen. Ein fester Termin mit gemeinsamen Mittagessen hat sich bewährt.

Machen Sie sich bewusst, dass womöglich durch die Abwesenheit und Persönlichkeitsentwicklung zur Mutter geprägt eine völlig neue Mitarbeiterin zurückkommt, welche Sie kennenlernen und mit ihren neuen Kompetenzen schätzen dürfen. Dies erfordert neben Achtsam-

keit ebenso Zeit. Analog zu Führungsprogrammen macht es hier Sinn besondere Aufmerksamkeit auf die ersten 100 Tage zu legen und hier bewusst Unterstützung anzubieten.
Schaffen Sie auch im Team Bewusstsein, dass der Wiedereinstieg ähnlich zur Integration eines neuen Teammitglieds ablaufen wird. Das heißt, die Mutter muss über die letzten Monate informiert werden, sie darf sich mit ihren neuen Herausfoderungen neu in ihrem Arbeitsleben finden und auch gewinnbringend einarbeiten. Gemeinsame Ziele, die Verantwortung und Verbindlichkeit schaffen sind zu definieren. Um effizient und effektiv zu sein empfiehlt sich hier eine Teamentwicklungsmaßnahme, die sich mittel- bis langfristig immer lohnen wird.

2.4 Verantwortung der Führungskraft und Zielgruppenanalyse

„Wo stehst du gerade? Wo willst du hin? Was brauchst du?"

Durchgängig stimmigen Kontakt zur Mutter – sowohl vor, während als auch nach der Elternzeit – ist damit DER Erfolgsfaktor neben auf das Unternehmen zugeschnittenen Maßnahmen (siehe Kapitel 4), um weibliche Fach- und Führungskräft für das Unternehmen zu sichern. Führungskräften kommt dabei ein ganz zentraler Verantwortungsbereich zu, indem diese

- Kontakt als sich stetig wandelnden Prozess in Sachen Stabilisierung, Anpassung und fester Struktur sehen,
- Räume für Kontaktmöglichkeiten bewusst und verbindlich schaffen,
- als Wertebotschafter für Vertrauen und Offenheit eine positive Unternehmenskultur generieren, in welche Mitarbeiter:innen Erfüllung und Motivation empfinden können und damit Kontakt als positiv empfunden wird und gerne Zeit und Ideen investiert werden,
- das postive Gefühl des stimmigen Kontakts in die Elternzeit begleiten und dieses aufrecht erhalten, indem auf Veränderungen und Neupriorisierung von Werten seitens Mutter situativ reagiert wird,
- sich stetig mit dem Gegenüber und dessen Persönlichkeit auseinandersetzen und den Kontakt darauf abstimmen.

Vor allem beim Thema Mutterschaft kommt letzterem ein besonderes Augenmerk zu. Führungskräfte, müssen stets den Fokus der Mutter analysieren und es schaffen als Vertreter des Unternehmens sowohl Arbeitswelt als auch Familie im Blick zu behalten und einen Raum zu schaffen, Vereinbarkeit zu ermöglichen.

Zielgruppenanalyse als Basis für gemeinsamen Erfolg

Besonders für Frauen besteht oftmals ein großes Spannungsfeld zwischen dem Verwirklichen im Beruf auf der einen Seite und dem Kinderwunsch auf der anderen Seite. In vielen Gesprächen mit (werdenden) Müttern sind wir immer wieder auf die Vereinbarkeit beider Themen als vorherrschendes Problem gestoßen. Es geht in erster Linie für alle Beteiligten darum sich zu überlegen, was von allen Seiten unternommen werden kann, um die Vereinbarkeit von Familie und Beruf zu ermöglichen oder zumindest zu erleichtern.

Die Ermöglichung bedingt Verantwortung sowie Kompromissbereitschaft von beiden Seiten ebenso wie ein gemeinsam definiertes Ziel, den Willen eine Win-Win-Situation zu generieren. Folgendes Schaubild verdeutlicht, wie sich das Spannungsfeld (werdender) Mütter darstellt:

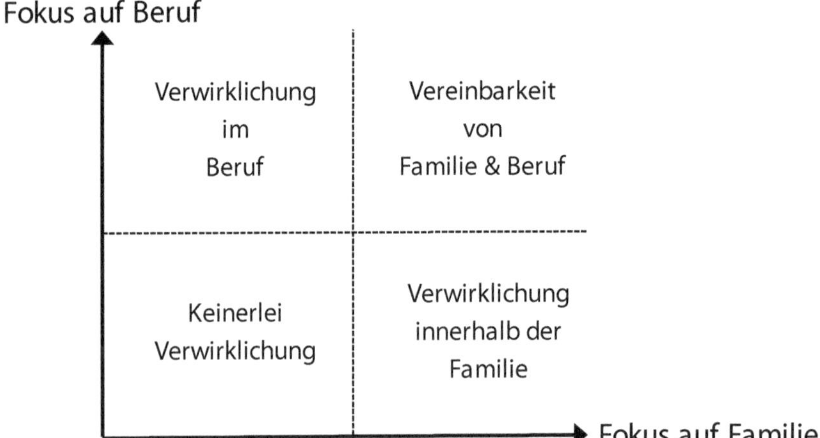

Wir haben in diesem Schaubild eine Vierteilung vorgenommen und kategorisieren der Einfachheit wegen (werdende) Mütter in zwei Richtungen:

Entweder fokussieren sich werdende Mütter zunächst auf die Familie oder auf den Beruf. Das heißt, dass es werdende Mütter gibt, die von vornherein signalisieren, dass sie sehr zeitnah nach der Geburt wieder zu arbeiten beginnen und die Betreuung des Kindes nicht nur alleine übernehmen wollen. Die Verwirklichung im Beruf steht bei diesen werdenden Müttern sehr weit oben. Die Geburt eines Kindes stellt für diese Kategorie Mutter keine Zäsur dar, sondern lediglich eine zeitlich begrenzte Unterbrechung.

Gegenüber finden wir die Kategorie der Mütter, die sich die ersten Jahre vollumfänglich um das Kind kümmern wollen und für einige Jahre aus dem Berufsleben aussteigen. Für diese Kategorie Mutter steht die Verwirklichung in der Rolle als Mutter ganz oben und die Wertigkeit der beruflichen Tätigkeit scheint geringer priorisiert zu sein als das Großziehen eines Kindes.

Für uns war eine Erkenntnis sehr spannend: Die anfängliche Haltung verändert sich bei werdenden Müttern im Laufe der eigenen Identitätsentwicklung mehr oder weniger stark.

- Oftmals erleben so genannte Karrierefrauen während der Zeit mit dem Kind, wie wertvoll dieser Lebensabschnitt für Mütter ist. Die bisherige Einstellung und Vorannahmen verändern sich und der Fokus liegt dann oftmals nicht mehr nur auf der weiteren Verwirklichung im Beruf.
- Gleichzeitig stellen Mütter fest, die sich strikt vorgenommen hatten, so lange wie möglich ausschließlich für die Kinder da zu sein, dass der Berufsalltag (mit der richtig gewählten Anzahl von Arbeitsstunden) eine gelungene Abwechslung zur Betreuung eines Kindes und vor allem wesentlich wichtig für eine ausgeglichene und erfüllte Persönlichkeit sein kann.

Wenn wir nun zum Blickwinkel der Mütter noch den Blickwinkel der Führungskräfte auf das Schaubild hinzunehmen, wird deutlich, welches Ziel für beide Beteiligten sinnvoll ist: Nachhaltige Zufriedenheit und Erfüllung für Arbeitnehmer:in und Arbeitgeber kann nur eine Vereinbarkeit von Familie und Beruf erzeugen.

Und beide Seiten müssen hierfür einerseits Kompromissbereitschaft zeigen, das Bewusstsein haben, dass Vereinbarkeit in der Verantwortung auf beiden Seiten liegt als auch alles dafür tun, dass Vereinbarkeit auch gelingt.

Nicht zu vergessen ist die vierte Kategorie, nämlich die Mütter, die es leider nicht schaffen sich zu verwirklichen, weder im Beruf noch in der Familie. Oftmals herrschen in diesen Fällen suboptimale Rahmenbedingungen vor, wie Trennung vom Partner, Krankheitsbilder (Depressionen, Süchte, Ängste etc.), Facetten der Persönlichkeit etc., die leider immer wieder in diesen so verändernden Phasen des Lebens auftreten. In diesen Fällen hat die Führungskraft leider wenig Handlungsspielraum und auch nicht die Verantwortung, um diese Kategorie an Mütter wieder in die richtige Richtung zu bringen. Aus diesem Grund wollen wir den Fokus in diesem Buch ausschließlich auf die anderen Kategorien legen.

Das Ziel unseres Buches ist es demnach

- Handlungsfelder,
- Lösungsideen und
- eine präventive Vorbereitung

auf mögliche Hürden zu geben, denn eine Win-Win-Situation ergibt sich ausschließlich im Feld „Vereinbarkeit von Familie und Beruf". Alle Unternehmen, welche dieses Feld außer Acht lassen müssen sich früher oder später mit der Integration von Familie auseinandersetzen, da selbst die Mütter, welche vermeintlich „Familie" hintenanstellen, irgendwann zu dem Punkt kommen, Familie als feste Größe in ihrem Leben meistern zu müssen.

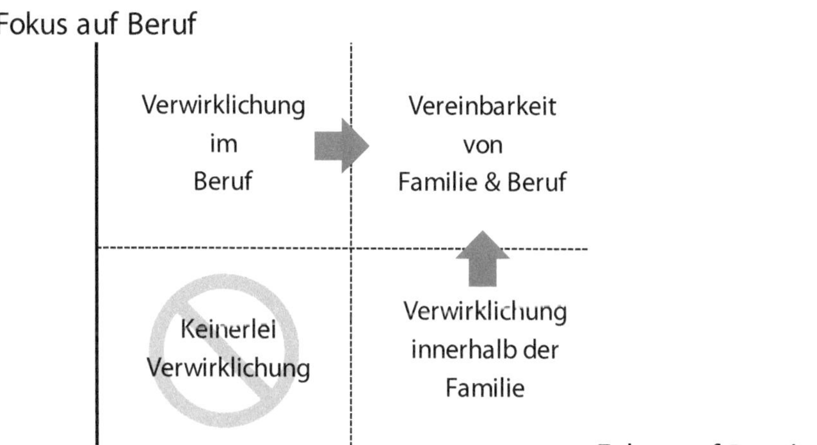

Führungskräfte sollten sich daher detailliert damit auseinandersetzen, wie sie agieren und den Kontakt gestalten müssen, damit die Vereinbarkeit von Familie und Beruf auch durch ihre Rolle als Führungskraft unterstützt wird. Oftmals freuen sich Führungskräfte, wenn sie job-orientierte Karrieremütter in ihrem Team haben, die von vornherein signalisieren, schnell zurück kommen zu wollen. Aber Achtung: Diese Haltung wird sich nicht selten während der Mutterschaft verändern. Denn Werte ordnen sich in der Hierarchie neu, das Umfeld beeinflusst und auch Entwicklung findet auf allen Ebenen statt (siehe Kapitel 3).

Daher erneut der Appell: Es ist wichtig und unabdingbar ein gesundes Maß an Kontakt während der Abwesenheit der Mutter zu halten.

Ein Erfahrungsbericht aus der Praxis:
Zu viel Kontakt von Seiten des Arbeitgebers während der Elternzeit kann sich negativ auf die Arbeitgeber-Arbeitnehmer-Beziehung auswirken. In diesem Fall war der Arbeitgeber motiviert die ambitionierte „Karriere-Mutter" fachlich und sachlich in einem Wochenturnus während der Elternzeit auf dem Laufenden zu halten und dadurch den Kontakt zu halten. Während dieses wöchentlichen Austausches wurde allerdings nicht nachgefragt, ob sich bei der Mutter etwas auf der emotionalen Ebene verändert und es wurde auch nicht bemerkt, dass sich im Laufe der Wochen das Wertegerüst und die Haltung der Mutter veränderte. Der Fokus entwickelte sich bei jener nämlich immer mehr

von Beruf auf die Familie. Indirekt negativ für die Bindung zum Arbeitgeber wurde dies durch ein „Zu-intensives-Kontakt-Halten“ von Seiten des Arbeitgebers. Dies erzeugte bei der Mutter immer mehr Druck, nämlich sehr schnell wieder in die alte Rolle als Fachkraft zurückzukehren, erschuf Distanz, um das private Feld und die neuen Werte zu schützen. Dadurch verschlechterte sich der Kontakt zum Arbeitgeber von Woche zu Woche.

Bei Müttern, die für sich entschieden haben, den Fokus zunächst ausschließlich auf die Familie zu legen, ist es die Aufgabe der Führungskräfte einen passenden sensiblen Kontakt zur Mutter zu halten und gleichzeitig in diesen Momenten (wie ein Vertriebsmitarbeiter) den Weg zurück möglich sanft, charmant und attraktiv zu gestalten, so dass die Mutter mit einem Fuß im Arbeitsleben bleiben kann, dennoch sich im privaten Raum neu ordnen kann. In vielen Fällen wird dieser Prozess dadurch positiv beeinflusst, dass Mütter, die den Fokus sehr lange auf das Kind hatten, von alleine wieder Lust auf Arbeiten bekommen. Die Sehnsucht nach der alten beruflichen Identität als Teil des Ichs und eines erfüllten Lebens wächst und auch die Abwechslung nicht nur auf der Mama-Bühne, sondern auch auf der beruflichen Bühne auftreten zu können wird attraktiver. Oftmals ist es gar nicht so schwer, diese davon zu überzeugen, mit einer passenden Stundenzahl partiell ins Arbeitsleben zurückzukehren.

Aber natürlich ist es hier wichtig als Arbeitgeber eben als attraktiver Arbeitgeber aufzutreten und neben passenden Arbeitszeitmodellen weitere Weichen so stellen zu können, dass Mütter „leicht“ zurückkehren können. Hierzu finden Sie in Kapitel 4 zahlreiche Impulse und Denkanstöße, wie Sie für Ihr Unternehmen passende, smarte und innovative Lösungen und Maßnahmen für Vereinbarkeit etablieren können.

Tipps für Führungskräfte:
Machen Sie sich bewusst, in welchem Quadranten ihre Mitarbeiterin steht. Fragen Sie nach, wo sich die (werdende) Mutter gerade selbst sieht. So können Sie als Führungskraft adäquat im Arbeitsalltag, in der Wiedereinstiegsplanung und auch in der Reintegration auf die Bedürfnisse der Mutter reagieren.
Seien Sie sich bewusst, dass die Mutter ihren Fokus im Lauf der Mutterschaft verändern kann. Stellen Sie dieses Thema im direkten

Kontakt mit der Mutter immer wieder zur Diskussion. Seien Sie flexibel!

Signalisieren Sie Ihr Ziel: Vereinbarkeit von Familie und Beruf. Sie als Arbeitgeber haben ein hohes Interesse daran, dass die Mutter nicht nur den Job im Fokus hat, sondern auch von Anfang an die Familie. Denn nur wenn beides in Einklang gebracht werden kann, festigt dies die Mitarbeiterbindung damit auch Motivation und trägt so zum Unternehmenserfolg und einem erfüllten Arbeitsumfeld bei.

3 Über die Identitätsentwicklung zur Mutter und was wirklich passiert

„Und dann kam da eine ganz andere Frau zurück!“

„Da saß ich nun. Betrogen vom Leben, so fühlte es sich an. Aus dem Spiegel blickte mich eine Frau an. Ich kannte sie nicht und fand sie ganz fürchterlich. Ungepflegt, mit tiefen Augenringen und leerem Blick. Doch zugleich wusste ich, das war mein neues Ich. Ich hatte mich in den letzten sieben Monaten, seit das Baby da war, selbst verloren. Das neue Ich hatte mich überrannt und ich hatte keine Zeit es vernünftig zu integrieren. Mir fehlten die Kraft und die Bewusstheit, das neue Ich zu sehen anzuerkennen und mich auch darum zu kümmern.
Der Schlafmangel, die Anstrengungen des Tages in sozialer Isolation, die Hormonumstellung hatten mich in Schach gehalten. Das alte Ich hatte ich verloren, das neue Ich war nicht ordentlich entwickelt. Doch eines wusste ich zwischen all der Konfusion und Orientierungslosigkeit. Ich wollte meine Job-Identität wieder haben. Eine Frau, die Sinn in ihrem Job gefunden hatte. Die sich für ihre Arbeit engagierte und Erfüllung darin fand. Eine Frau, die einmal recht glücklich war. Nicht immer, aber doch sehr oft. Und doch fehlte mir damals jegliche Idee, wie ich Teile des alten Ichs in eine gelingendes neues Ich integrieren konnte.
Es fehlte mir an Erfahrung, es fehlte mir an neuen Kompetenzen, es fehlte mir an Vorbildern und auch der Gedanke, es als Einzige nicht hinbekommen zu haben machte meinem letzten Funken Selbstwert den Garaus. Ich fühlte mich vom Arbeitgeber vergessen. Seit der Geburt hatte sich niemand mehr gemeldet. Und mir fehlte die Kraft mich zu melden. Ich hatte keine Idee, wie ich es jemals schaffen sollte wieder zurück in die Arbeitswelt zu kommen. Mir fehlte eine Vorstellung davon, wie ich mit dem neuen Ich und kleinem Leben im Gepäck in einer Welt Fuß fassen sollte, in der Mutterschaft nicht vorgesehen war.“

„Und dann kam da eine ganz andere Frau zurück!“, das hören wir nicht selten in unseren Beratungen mit Unternehmen nach dem Wiedereinstieg von Müttern. Wohlwollende Chefs und HR-Verantwortliche fragen sich:

- „Was ist aus unserer ambitionierten, sonst so toughen Mitarbeiterin geworden?
- Wieso trifft sie Entscheidungen völlig anders?

- Wir erkennen sie nicht wieder.
- Was hat die Elternzeit nur mit ihr gemacht?"

Die Elternzeit selbst hat gar nichts gemacht. Vielleicht ein bisschen. In erster Linie gibt es eine Korrelation zwischen Schock und Kontakt: Je schlechter die Qualität des Kontakts zwischen Arbeitgeber, Chef:in, Personaler:in und Mutter, desto größer der Schock nach der Elternzeit. Oder andersherum: Je intensiver der Kontakt zwischen Arbeitgeber, Führungskraft und Mutter, desto geringer der Schock. Dann gibt es kein böses Erwachen. Denn die Zeit der Elternzeit ist eine transformierende. Arbeitgeber sollten daher großes Interesse haben Teil dieser Transormation zu sein.

Es geht um die gelungene Integration der Mutterrolle. Es geht um eine komplett **neue Rolle**. Eine Rolle, die so alt ist wie die Menschheit selbst. Eine Rolle, die eine eigene, wenn auch nicht immer für unsere moderne Gesellschaft förderliche gesellschaftliche Historie hat. Eine Rolle, an welche so viele Erwartungen geknüpft sind. Individuelle, familiär, auch wiederum gesellschaftlich und nun auch noch von der Arbeitswelt. Eine Rolle, die eine Frau nicht mit der Geburt eines Kindes geschenkt bekommt, sondern die hart erarbeitet, mit Leben gefüllt und individuell interpretiert sowie gelebt werden darf. Nicht selten dauert es Jahre, bis Frau sagt: „Nun bin ich eine Mutter." Daher ist es kein Wunder, dass Mutterwerden eine der heftigsten und einschneidendsten Identitätsentwicklungen im Leben einer Frau darstellen.

Es bildet sich eine komplett neue Identität und die Persönlichkeit wird entwickelt. Mit dem Kind werden Fragen zum eigenen Sein, den eigenen Werten, zur eigenen Geschichte in der Ursprungsfamilie, zu Gesellschaft und deren Vorstellungen und nicht zuletzt zum Sinn des Lebens geboren. Daher mehr als verständlich, dass nach einem Jahr eine ganz andere Frau in den Job zurückkommt. Es wäre eher sonderbar, wenn nicht.

3.1 Die 5 Säulen der Identität nach Petzold

„Identitätsentwicklung zur Mutter verstehen"

Die Entwicklung zur Mutter beginnt viel früher als wir eigentlich denken. Sie beginnt bereits dann, wenn der Wunsch nach einem Kind spürbar und zunehmend stärker wird. Gerade die Frauen, die ein erfülltes Leben vor allem auch durch ihr berufliches Wirken und Sein definieren sind diejenigen, welche sich über Jahre gar nicht mit dem Thema Kind und Familie beschäftigt haben. Nicht selten haben diese Frauen das Thema Kind nicht fest in ihrem Lebensskript verankert. Mag heißen, es ist eine Variable im Leben, aber kein zwingendes Muss.

Das heißt diese Frauen investieren erst einmal viel in ihre Ausbildung, Studium und dann in den Berufseinstieg. Kinder sind hier (noch) kein Thema. Doch dann kommt irgendwann der Tag, meistens verknüpft mit zunehmendem Alter und dem nahenden dritten Jahrezehnt, da sind Kinder und eigene Familie Thema.

Ob das nun ein rein biologisches hormonelles, ein gesellschaftliches Thema ist oder einfach darin begründet ist, dass Babys nun im eigenen Umfeld auftauchen und eine Frau sich selbst die Antwort auf die Kinderfrage geben darf, sei hintenangestellt.

Doch festzuhalten ist: Es kommt der Tag, da schlagen plötzlich zwei Herzen in der Brust: Das Herz für den Job aber auch das Herz für ein Kind. Und ab dem Zeitpunkt beginnt die Zerrissenheit und auch der stetige innere und äußere Rollenkonflikt, welcher viel Klarheit bedarf.

Um nun zu verstehen, wie heftig diese Identitätsentwicklung der Frau zum Mutterwerden im Wesenskern ist, eignet sich das Modell der 5 Säulen der Identität nach Hilarion Petzold (1984). Petzold hat dieses Modell entwickelt, um aufzuzeigen, dass das Leben und die Identität auf fünf Aspekten fußen und es alle fünf Lebensbereiche braucht, um ein stabiles und erfülltes Leben und damit eine gute Identität entwickeln zu können.

Die 5 Säulen sind:

- Körper und Gesundheit
- Soziale Beziehungen
- Arbeit und Leistung
- Materielle und finanzielle Sicherheit
- Sinn und Werte

Es sei an dieser Stelle betont: Wenn eine Säule wegfällt – zum Beispiel in Krisensituationen, wie Tod eines geliebten Menschen, Trennung, Krankheit etc. – werden alle anderen Säulen dadurch stärker belastet. Analog zu einem „echten" Bauobjekt, das auf Säulen steht und die Identität als Dach trägt (siehe Abbildung unten).

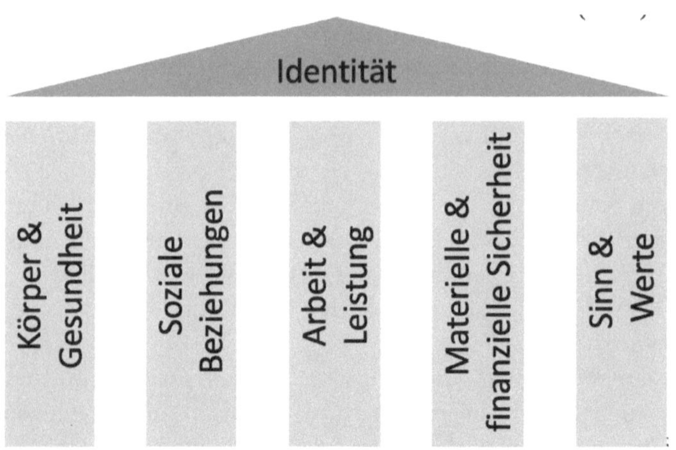

Die 5 Säulen der Identität nach Petzold (1984)

Aus unserer Coachingpraxis können wir bestätigen:

> Damit ein Mensch gut weiterleben kann, dürfen nicht mehr als zwei Säulen wackeln. Anderweitig würde das Haus der Identität kollabieren und der Mensch muss sich komplett neu ordnen und aufbauen.

Betrachten wir nun die Identitätsentwicklung zur Mutter, so wird uns schnell klar, warum diese Zeit eine so heftige ist und nicht selten das Gefühl vermittelt wird, eine ganz andere Frau kehrt in den Job zurück. Wenn eine Frau Mutter wird, dann betrifft das nicht nur eine Säule, auch nicht zwei, sondern alle fünf Säulen. Das bedeutet im Modell nach Petzold, dass das komplette „Haus der Identität" erschüttert wird. In wenigen Fällen sogar in sich verschüttet wird. Für die Persönlichkeit eines Menschen bedeutet dieser „Kollaps der 5 Säulen": komplette Neuordnung aller Lebensbereiche, extremes Veränderungsmanagement und Stabilisierung aller Lebensbereiche.

Lassen Sie uns einen Blick auf die einzelnen Säulen werfen, was diese konkret für die Identitätsentwicklung der Frau bedeuten und was Arbeitgeber, Führungskraft und HR konkret tun können, um hier die Identitätsentwicklung zur Mutter konstruktiv mit dem Ziel einer guten Arbeitgeber-Arbeitnehmer-Beziehung unterstützen können.

Körper und Gesundheit

„Mutterschaft, das Überraschungs-Ei."

Im Grunde beginnt die Identitätsentwicklung mit Information über die bestehende Schwangerschaft. Der Körper verändert sich bereits mit Befruchtung der Eizelle, Hormone werden ausgestoßen und das Wohlbefinden der Frau beeinträchtigt – positiv oder negativ.

Die Säule „Körper und Gesundheit" ist die Säule, die den meisten von uns im Kontext Mutterschaft sehr bewusst ist und Veränderungen sowie Beeinträchtigungen offensichtlich sind. Es muss hier nicht im Detail ausgeführt werden, welche Konsequenzen eine Schwangerschaft auf den Körper und die Seele einer Frau hat. Nicht nur, dass sich das Äußere in den meisten Fällen massiv verändert – Gewicht, Haut, Haare etc. – sondern auch das Seelenleben wird stark beeinträchtigt. Emotionen wechseln über Freude, Angst, Zweifel etc. Schwangerschaften werden unterschiedlich erlebt. Während es Frauen gibt, die einen wahren Energie-Boost durch die Schwangerschaft erhalten, gibt es auch solche, welche völlig geschwächt und erschöpft durch diese körperlichen Veränderungen sind. Beides ist nicht beeinflussbar.

Jedoch wichtig zu wissen, für die Führungskraft: Frauen über- bzw. unterschätzen sich gerne durch das aktuelle Wohlbefinden, was die Planung für Wiedereinstieg und Kontakt während der Elternzeit angeht. Die einen meinen, sie könnten bereits nach vier Monaten wieder erste Projekte vom Homeoffice mitbegleiten und andere wiederum trauen sich aufgrund der Schwangerschaftsbeschwerden gar nichts mehr zu. Auch das Stillen eines Babys ist eine komplexe Herausforderung, sofern sich die Mutter dafür entschieden hat. Mütter unterschätzen nicht selten, wie kräftezehrend es rein physisch ist, einen kleinen Menschen mitzuernähren und dadurch Tag und Nacht auf Abruf zu sein. Auch der Wiedereinstieg ist manchmal durch psychische Belastungen beeinträchtigt, weil z. B. das Abstillen nicht funkionieren will oder aber sich Mutter und Kind noch nicht dafür bereit fühlen. Daher ist es hier einmal mehr wichtig, im stetigen Kontakt mit der Frau zu sein und flexibel zu agieren.

Es kann durchaus vorkommen, dass eine Frau bereits wenige Wochen nach der Geburt wieder „einsatzfähig" und mit einem pflegeleichtem Anfängerbaby zu Hause unterfordert ist. Während eine andere Mutter, welche in der Schwangerschaft noch energiegeladen Versprechungen dem Arbeitgeber gegenüber machen konnte, nach der Geburt durch Hormonumstellung, schwere Geburtsverläufe, der Rückbildung, dem Stillen und nicht zuletzt durch ein anspruchsvolles Baby, das beispielsweise viel weint und 24 Stunden Aufmerksamkeit für sich beansprucht, vorerst nicht mehr einsetzbar ist.

Schwangerschaft, Geburt und auch Baby sind ein absolutes Überraschungs-Ei: Niemand kann etwas prognostizieren oder sogar Einfluss darauf nehmen. Es gilt hier für Mutter und auch Arbeitgeber schnell die aktuelle Lage realistisch zu identifizieren und dann situativ darauf zu reagieren. Wichtig dabei ist es deshalb stets ein Basis-Ziel vor Augen zu haben, welches sowohl Führungskraft und HR mit der Mutter in einem Gespräch vereinbart haben:

> Wir wollen weiter konstruktiv langfristig zusammenarbeiten und haben ein Interesse daran Kontakt auf Augenhöhe zu halten, um so diese anspruchsvolle Zeit **gemeinsam** zu meistern.

Das heißt: Arbeitgeber, Führungskraft und auch HR dürfen sich stark um Kontakt mit der Mutter der Elternzeit auseinandersetzen, um Teil dieser Identitätsentwicklung sein zu dürfen. Es geschieht gar nicht so selten, dass während dieser Phase bei fehlendem Kontakt komplette Neuorientierungen und Werteverschiebungen stattfinden, was sich wiederum massiv auf Lebensentwürfe und Zielvorstellungen der Mutter auswirken (siehe dazu auch Kapitel 2).

> **Unsere Empfehlung für Arbeitgeber, Führungskräfte und HR**
> **Seien** Sie sich bewusst, dass Frauen in der Schwangerschaft besonderen körperlichen Prozessen ausgesetzt sind und daher zu Unter- oder Überschätzung neigen können, was Elternzeit und Wiedereinstieg angeht. Der enge und vertrauensvolle Kontakt ist hier immens wichtig.
> **Frauen** rutschen nicht selten aufgrund der hohen körperlichen und seelischen Belastung in alte Rollenbilder, da der Autopilot im Gehirn übernimmt und so früh erlernte Bilder der Frau aus vorherigen Generationen in den Vordergrund rücken können. Haben Sie diesen Aspekt als Arbeitgeber und Führungskraft im Hinterkopf und sprechen diesen gegebenenfalls an.

Soziale Beziehungen

„Bring das Baby doch einfach mit!"

Eines der Dinge, die sich durch die Mutterschaft am stärksten verändern und doch gleichzeitig niemandem recht bewusst sind, sind die sozialen Beziehungen. Dazu gehören familiäre Beziehungen zu Eltern, Geschwistern, Verwandten, die Partnerschaft (ganz massiv!), die beruflichen Beziehungen zu Kollegen und Vorgesetzten, aber auch die Beziehungen im privaten Umfeld, schlichtweg die Freundschaften.

Die Beziehungen innerhalb der Ursprungsfamilie können durch das Hinzukommen eines neuen Erdenbürgers zum einen erschüttert und gleichzeitig gefestigt werden. Hier wird es einmal mehr klar, dass sich das System komplett neu ordnen darf. Der neue Mensch darf in ein bestehendes System integriert werden. Gleichzeitig werden durch die neue Rolle der Mutter, die eigenen Bilder, die wir von einer Mutter – meist der eigenen Mutter – erlernt haben oft unbewusst übernommen oder zumindest überprüft.

Denn wir wissen heute aus den Neurowissenschaften: In Stresssituationen schaltet unser Gehirn auf Autopilot. Das heißt, um Energie und Zeit zu sparen, verlässt das Denken die bewusste Schiene und geht ins Unterbewusstsein. Und genau im Unterbewusstsein sind all die Muster und Verhaltensweisen verankert, die wir zum einen sehr früh und wiederum unbewusst als Kind erlernt und gespeichert haben und gleichzeitig, aber nicht wirklich für unsere Wertvorstellungen und Lebensentwürfe überprüft haben.

Wenn demnach eine Frau Mutter wird, geschieht es nicht selten, dass sie sich aufgrund des erhöhten Stresslevels mit einem Neugeborenen nur nach wenigen Wochen selbst nicht wiedererkennt und sogar das Leben der eigenen Mutter weiterführt. Das heißt selbst Frauen, die vor Geburt des Kindes sehr klar in ihren Vorstellungen was Beruf und Lebensziele angeht, waren rutschen sehr schnell unterbewusst in alte Rollenbilder und finden sich in alten Klischées der Hausfrau und Mutter wieder. Diese alten Rollenbilder, die womöglich gar nicht zur jungen Mutter gehören und passen, gilt es dann aufmerksam zu überprüfen. Diesen Aspekt sollten Arbeitgeber und Führungskraft stets im Hinterkopf haben und bedarfsweise im Gespräch mit der Frau ansprechen.

Noch viel stärker als das System der Ursprungsfamilie wird die Paarbeziehung in ihrer Neuordnung auf die Probe gestellt. Aus einer stabilen

Zweierbeziehung darf nun eine Dreierbeziehung (bei Mehrlingsgeburten dementsprechend mehrere) gestaltet werden. Durch den starken Erstbezug des Neugeborenen zur Mutter wird zum einen diese Beziehung gestärkt, welche überlebenswichtig für das Baby ist. Aber auch gleichzeitig dadurch die Beziehung zum Partner geschwächt. Nicht selten fühlen sich Männer daher Außen vor und auch hier dürfen alle ihren Platz neu finden, sich Zeit nehmen und vor allem Bewusstheit generieren.

Für den beruflichen Kontext bedeutet dies, dass sich Partner in einer Beziehung bereits vor der Geburt damit auseinandersetzen, wie die Care- und Erziehungsarbeit aufgeteilt werden. Unterstützend und beratend können hier Arbeitgeber und Führungskraft in diesem Entscheidungs- und Ordnungsprozess tätig sein. Es gilt hier eine Haltung von Offenheit zu generieren und die werdenden Eltern über Möglichkeit des Wiedereinstiegs, Elternzeitprogramme, Weiterbildungen, Arbeitszeitmodelle etc. zu informieren und konkret Angebote zu formulieren.

Die Beziehung zu den Kollegen gestaltet sich bereits während der Schwangerschaft neu. Fragen tauchen auf wie:

- „Wie lange ist die Kollegin noch verfügbar?
- Wann wird sie wiederkommen?
- Wird sie überhaupt wiederkommen?
- Wer kompensiert sodann das entstandene erhöhte Arbeitspensum?
- Gibt es eine Elternzeitvertretung?
- Wie ist die Übergabe? ...“

Wichtig ist hier: Vermeiden Sie Intransparenz. Spielen Sie als Arbeitgeber, Führungskraft und auch als Mutter von Anfang an mit offenen Karten. Informieren Sie die Team-Kollegen immer unmittelbar über den aktuellen Stand und Pläne. Denn im Kollegenkreis besteht immer die Gefahr der „Gerüchteküche“. Gerüchte sind einerseits ein Bindungsinstrument unter Kollegen, das heißt eine „aufregende Geschichte“ schweißt zusammen, wird aber vielmehr auf lange Sicht das Vertrauensverhältnis zum Vorgesetzten und auch zur werdenden Mutter belasten. Gerade die Kollegen einer werdenden Mutter sind es, die diesen Prozess zur Mutterschaft mittragen, gestalten und unterstützen oder aber im schlimmsten Falle boykottieren können. Es braucht ein Gefühl des Vertrauens im Team, dass die Führungskraft einerseits diesen Change-Prozess sicher in der Hand hat, es einen guten Plan gibt und alle im direkten Kontakt sind sowie unmittelbar Information erhalten wie durch diese besondere Zeit der Schwangerschaft, Elternzeit und

Wiedereinstieg navigiert wird. Die Unterstützung der Kolleg:innen ist hier unabdingbar. Sie dürften und sollten auch die Möglichkeit haben Kontakt zur Mutter während ihrer Abwesenheit in Elternzeit haben. Nur wenn sich beide Seiten immer unmittelbar informiert und damit als Teil des Prozesses sehen können sie diesen Change-Prozess auch konstruktiv und unterstützend mitgestalten. Dass schafft Bindung, Vertrauen und Commitment.

Ebenso dürfen Arbeitgeber ein Auge darauf haben, dass Verständnis und auch die Bewusstheit über die diversen Ausprägungen der Belastung von Mutterschaft vorkommen. Gerade die (noch) kinderlosen Kolleg:innen unterschätzen die Belastung nicht selten massiv. Sätze wie: „Bring das Baby dann doch einfach ins Büro mit." können Mütter mit anspruchsvollen Babys verunsichern und auch verletzen. Weil es ihnen ein Gefühl von Scheitern vermittelt, da es mit vielen Babys eben nicht möglich ist nebenbei konzentriert zu arbeiten. Das fatale daran ist: Diese Babys sieht man in der Öffentlichkeit nicht. Weil bereits eine Busfahrt eine Herausforderung ist.

Diejenigen, welche man jedoch sieht, sind die pflegeleichten Kinder, die wie ein nettes Accessoire friedlich in Biergärten schlummern, auf Krabbeldecken mit sich selbst zufrieden neben dem Schreibtisch liegen und fröhlich glucksend auf Familienfeiern bis spät in die Nacht anwesend sind. Doch das sind die Ausnahmen, so erfahrene Hebammen.

Um das Team in das Projekt „Gelungene Mutterschaft und Wiedereinstieg" einzubinden sind Teamworkshops bereits vor der Elternzeit ideal. Es empfiehlt sich ferner unmittelbar kurz nach Geburt des Kindes – ohne die junge Mutter – einen Workshop vor dem Wiedereinstieg mit der Mutter zu organisieren. Greifen Sie hier auf externe Unterstützung durch eine:n Moderator:in und Teamentwickler:in zurück. Oft moderieren Führungskräfte selbst Workshops, da diese jedoch Teil des Teams sind empfehlen wir immer externe Unterstützung für die Moderatorenrolle, um Objektivität und Zielorientierung und damit Erfolg einer Maßnahme zu garantieren (mehr zu Teamentwicklung in Kapitel 4).

Ziele dieser Workshops sind unter anderem:

- Information, über Status quo und Pläne.
- Raum für Emotionen, wie Ängste, Zweifel oder sogar Wut, die möglicherweise aufgrund Mehrarbeit im Raum steht.
- Verständnis und Verstehen der Mutterschaft und Besprechung konkreter Herausfoderungen.
- Konkrete Actions: „wer macht was mit wem bis wann".

Neben all den anderen sozialen Beziehungen ist die Beziehung zur Führungskraft eine der relevantesten im Kontext „Job und Mutterschaft". Diese wird oft als selbstverständlich, da ja ohnehin schon bestehend gesehen. Aber wie auch in Beziehungen im privaten Leben wird nicht selten vergessen, dass eine gute Beziehung immer Arbeit bedeutet (siehe hierzu ausführlich Kapitel 2).

Daher sollten sich Führungskräfte bewusst sein: Vor allem die Elternzeit und damit eine Zeit der Abwesenheit stellt die Beziehung zwischen Führungskraft und Mitarbeiterin auf eine harte Probe. Denn Abwesenheit schafft immer Raum für Kontaktverlust und ist damit auch Gefahr für das Vertrauensverhältnis. Genau dies ist der sensible Raum, in dem es oft geschieht, dass Frauen in Elternzeit nicht mehr gesehen werden, sich vergessen fühlen, Emotionen wie Trauer oder Frustration über Hand nehmen und damit die logische Konsequenz der Neuorientierung oder sogar inneren Kündigung während der Elternzeit mit sich bringt. Daher **müssen** Führungskräfte bereits vor der Elternzeit einen vertrauensvollen und engen Kontakt zur werdenden Mutter generieren, sofern dieser nicht bereits besteht.

Es geht hier wiederum um

- direkte Information über bestehende Pläne im Unternehmen,
- gemeinschaftliches Planen der Elternzeit,
- Vereinbarungen über die Form und die Frequenz des Kontaktes während der Elternzeit
- und auch über erste Gedanken über den Wiedereinstieg – Anpassungen können während der Gespräche in Elternzeit vorgenommen werden.

Die Führungskraft ist während der Elternzeit und damit während dieser sensiblen Zeit der Abwesenheit und Identitätsentwicklung der Mitarbeiterin das Bindeglied zum Arbeitgeber und damit zur Arbeitswelt der Frau, die von heute auf morgen in den Hintergrund rückt. Die Führungskraft fungiert als starkes Band zwischen Mitarbeiterin und Arbeitswelt. Führungskräfte müssen sich dieser wichtigen Rolle bewusst sein, damit die Mitarbeiterin nicht bereits während der Elternzeit dem Arbeitgeber verloren geht.

Unsere Empfehlung für Arbeitgeber, Führungskräfte und HR

Seien Sie bereits vor Geburt des Kindes Sparrings-Partner für die werdenden Eltern. Diese sollten sich im Idealfall früh Gedanken über die Verteilung der Care-Arbeit machen. Generieren Sie eine Atmosphäre der Offenheit und informieren Sie frühzeitig über Angebote seitens Arbeitgeber wie Elternzeitprogramme, interne Elternnetzwerke, Weiterbildungen während der Elternzeit, Betreuungsmöglichkeiten, Arbeitszeitmodelle etc.

Beziehen Sie von Anfang an Teamkolleg:innen der werdenden Mutter ein. Informieren Sie immer unmittelbar, geben Sie keine Chance für aufkommende Gerüchte. Vermitteln Sie den Teamkolleg:innen früh, dass sie ein wichtiger Teil dieses „Change-Projektes" Elternzeit sind und sie unmittelbar wichtig für eine gelingende Elternzeit und Wiedereinstieg sind. Nur wenn die Kolleg:innen die Wichtigkeit ihrer Rolle erkannt und akzeptiert haben, sich stets informiert und integriert fühlen, werden diese auch diese besondere Zeit mit überbrücken. Sie übernehmen dann mögliche Zusatzarbeit und leisten auch Unterstützungsarbeit. Sie halten Kontakt während der Elternzeit zur Mutter, was sich wiederum positiv auf einen gelingenden Wiedereinstieg auswirkt.

Planen Sie Team-Workshops vor der Elternzeit mit der werdenden Mutter, kurz nach der Geburt ohne Mutter und kurz vor dem Wiedereinstieg mit der jungen Mutter. So können Sie Emotionen im Team frühzeitig erkennen, konstruktiv kanalisieren, zeitnah informieren und konkrete Actions für den Prozess der Elternzeit und Wiedereinstiegs ableiten.

Arbeit und Leistung

„Erweiterung des Leistungsrepertoires"

Wenn eine Frau Mutter wird, dann ist sie für den Arbeitgeber zum Zeitpunkt der Geburt und mindestens einige Wochen danach nicht verfügbar. Das heißt, es entsteht ein „Leerraum" im Team, welcher für einen vorab definierten Zeitraum konstruktiv überbrückt werden darf, so dass der Wiedereinstieg auch gelingt.

Für die Mutter selbst bedeutet die Säule „Arbeit & Leistung" nicht einen „Ausfall" dieser Säule, sondern vielmehr eine komplette Neudefinition. Denn Arbeit und auch Leistung bleiben, beim Mutterwerden sogar in hohem Maße als Teil der Identität erhalten. Nur handelt es sich um komplett neue Tätigkeiten und Kompetenzen, die die junge Mutter in den meisten Fällen gänzlich neu erlernen muss und die alte Tätigkeit auf der Job-Bühne vorerst wegfällt.

Das bedeutet konkret, es geht hier einerseits um einen temporären Abschied von der bisherigen Tätigkeit, welcher bewältigt werden darf und andererseits um einen Neuaufbau neuer Kompetenzen und Fähigkeiten. Nicht selten treten daher bei jungen Müttern, die vor Geburt des Kindes ambitioniert und erfolgreich mit beiden Beinen im Berufsleben standen, Gefühle wie Versagen bis hin zu Inkompetenz auf, was wiederum zu Frust und Traurigkeit führen kann. Das heißt: Arbeitsweisen, die bisher gut funktioniert oder sogar Erfolgsgaranten waren, funktionieren nun im Mama-Alltag nicht mehr.

Und neue Arbeitsweisen müssen erst neu erlernt werden.

Ein Beispiel:
Während detaillierte Planung, Projektmanagement und Struktur im Arbeitsalltag Erfolgsgaranten sind, kann dies im Mama-Alltag total hinderlich sein. Denn mit Baby ist jeder Tag anders. Das Kind und auch die Mutter entwickeln sich ständig. Das heißt, was heute funktioniert, kann morgen gänzlich obsolet sein. Vielmehr gilt es daher hochflexibel und situativ zu agieren. Pläne vielleicht zu schmieden, jedoch bereit zu sein, diese jederzeit über Bord zu werfen, neue zu entwickeln und sich nicht zu grämen, dass der Plan nicht aufgegangen ist.

Inwiefern sich die bisherige Tätigkeit für viele Mütter von der neuen Tätigkeit als Mama mit Baby unterscheidet, lässt sich sehr schön anhand der lateinischen Begrifflichkeiten „facere“ und „laborare“ veranschaulichen. Im Lateinischen gibt es diese Unterscheidung zwischen den unterschiedlichen Formen des Arbeitens: „facere“ und „laborare“.

- Facere steht für „arbeiten, tun, machen, leisten“ aber auch „Krieg führen“. Facere beschreibt damit alles, was strategisch ist, was im Kopf konstruiert ist, was intellektuell ist.
- Laborare hingegen wird übersetzt mit „arbeiten, sich anstrengen, sich abmühen“. Gemeint sind hier vielmehr körperliche Tätigkeiten und Anstrengungen, Dinge, die mit den Händen gemacht werden. Bei den Römern wurde laborare auch für Arbeit der Sklaven verwendet.

In der Arbeitswelt ist es nun oft so, dass junge, gut ausgebildete Mütter aus der Welt des „facere“ kommen. Sie haben sich in der Schule angestrengt, Top-Abschlüsse dem Arbeitgeber vorgelegt, wurden als High Potentials gehandelt. Und nun kommen sie durch die Mutterschaft in eine Arbeitswelt, die körperlich – bedingt durch Schlafmangel und physische Vorgänge im eigenen Körper – und dann aufgrund von Erschöpfungszuständen auch psychisch anstrengend werden. Kinder wickeln, Kinder füttern, Kinder rumtragen. Überleben ohne Schlaf.

Das bedeutet, wie bereits beschrieben, die Frau – welche vor der Schwangerschaft mehr im Kopf gearbeitet hat und dort auf Höchstleistung trainiert war – muss mit der Rolle der Mutter ein komplett neues Arbeiten erlernen. Was wiederum bedeutet, dass dieses neue Erlernen von Kompetenzen aufgrund der physisch anspruchsvollen Tätigkeit nochmals erschwert wird. Gleichzeitig „verkümmert“ der Facere-Muskel.

Viele dieser Frauen sind in der Mutter-Rolle kognitiv unterfordert und negative Emotionen wie Frust machen sich breit. Das heißt für die Arbeitswelt: Strategisches schnelles Denken, intellektueller Anspruch treten vor allem in der ersten Zeit der Mutterschaft in den Hintergrund und bilden sich sogar möglicherweise zurück.

Daher ist es einmal mehr wichtig für Arbeitgeber zu wissen, dass Frauen in der neuen Mutterrolle in ganz vielen Fällen den kognitiven Anspruch wollen und brauchen, weil es Teil ihrer Identität ist. Viele Mütter freuen sich, wenn sie mit der alten Arbeitswelt im Kontakt sind und so am Ball bleiben können, während sie gleichzeitig ihre Muskeln der körperlichen Arbeit und physischen Belastbarkeit trainieren.

Unsere Empfehlung für Arbeitgeber, Führungskräfte und HR

Die Führungskraft ist das Bindeglied zwischen Mutter und Arbeitgeber bzw. Arbeitswelt der Mutter. Es braucht Bewusstheit für diese wichtige Rolle, damit die Mutter aufgrund der Identitätsentwicklung und Veränderungen während der Elternzeit nicht verloren geht. Wenn der Kontakt zwischen Führungskraft und Mutter sehr gut ist, dann vermindert sich die Gefahr der Fluktuation während oder nach der Elternzeit. Schaffen Sie daher frühzeitig ein offenes, vertrauensvolles und enges Verhältnis zum Team, indem Sie informieren, in Pläne einbeziehen und wertschätzendes Interesse an einem gelingenden Wiedereinstieg signalisieren.

Halten Sie sich im Kontakt mit der Mutter während der Elternzeit vor Augen, dass sich die Frau mit einer komplett neuen Form des Arbeitens auseinandersetzen und diese erlernen muss (Unterscheidung facere und laborare!). Sie als Arbeitgeber, Führungskraft und HR-Verantwortliche können, dürfen und müssen dieses Zusatzrepertoire an Kompetenzen wie erhöhte Flexibilität, situatives Entscheiden etc. in das Kompetenzprofil der Frau mit aufnehmen und wertschätzend nach dem Wiedereinstieg integrieren.

Materielle Sicherheit

„Ein Kind kostet richtig viel Geld!“

Im deutschsprachigen Raum ist materielle Sicherheit ein Thema, das sich vor allem im Kontext Mutterschaft nicht zwingend im ersten Moment in den Vordergrund drängt. Dennoch ist es ein wichtiges und doch ständig begleitendes Thema. Jedes Kind bedeutet finanziellen Aufwand.

Das Statistische Bundesamt hat 2018 in einer Studie erhoben, dass ein Kind bis zum 18. Lebensjahr den Eltern im Durchschnitt 148.000 Euro kostet.

Eine nicht ganz unerhebliche Summe. Doch neben dieser absoluten Zahl ist die meist „versteckte" Zahl durch die Gehaltseinschränkungen für Mütter eine gravierende.

Zum einen erhält eine Frau bereits während der Elternzeit ein niedrigeres Einkommen im Vergleich zur Vollerwerbstätigkeit. Hinzu kommt, dass die meisten Mütter aufgrund der Betreuungssituation und auch fehlender Unterstützung seitens Arbeitgeber nicht in Vollzeit zurückkommen können und damit auch über Jahre finanzielle Einbußen haben, was sich wiederum auch auf die Rentenhöhe auswirkt.

Arbeitgeber haben hier deshalb die Verantwortung, aber auch gleichzeitig die große Chance in Sachen Arbeitgeberattraktivität, familienfreundliche Arbeitszeit- und Gehaltsmodelle anzusetzen, Flexibilität für bestimmte Lebensphasen zu signalisieren und auch hier professionelle Konzepte aufzusetzen und nicht zuletzt bei der Betreuungssituation zu unterstützen. Denn für gar nicht so wenige Eltern bedeutet es: Wenn die Mutter arbeiten geht, dann kostet das erst mal Geld. Und zwar gar nicht mal so wenig. Bei vielen Müttern bleibt am Ende des Monats aufgrund von Betreuungskosten kaum etwas vom Ursprungsgehalt übrig, so dass der Anspruch an Sinn im Job umso höher ist.

Inzwischen gibt es viele Arbeitgeber, die firmeninterne Krippen und Kindergärten anbieten. Doch Nachmittagsbetreuung für Schulkinder ist firmenintern eine Seltenheit. In unseren Beratungen erleben wir immer wieder Mütter, die berichten, dass es mit kleinen Kindern noch viel einfacher war einen Betreuungsplatz zu finden. Schulkinder, die meist bereits ab Mittag schulfrei haben finden nur schwer Betreuungsplätze.

> Diese „Marktlücke" – die Nachmittagsbetreuung von Schulkindern – können Arbeitgeber für sich nutzen.

So können Arbeitgeber Eltern im Unternehmen entlasten, aber vor allem diese dadurch produktiver und effizienter für den Unternehmenserfolg werden lassen, was wiederum auf das Konto der Arbeitgeberattraktivität und Mitarbeiterbindung einzahlt.

Eine weitere Komponente der materiellen Sicherheit bei jungen Müttern ist jedoch eine viel subtilere. Es hat vielmehr mit Werte und Selbstwert zu tun. Immer noch herrschen gerade in Deutschland Familienmodelle vor, in denen die Frau Arbeitszeit für Familie reduziert und der Mann Vollzeit weiterarbeitet. Alleine, dass die Zahl auf dem Konto kleiner wird und die Frau meist dadurch finanziell abhängig vom Lebenspartner macht, macht etwas mit dem Selbstwert der Frau. So verpönt das Thema Geld im Wertekanon vieler Menschen ist, es hat nicht selten etwas mit Selbstwirksamkeit, Freiheit und Unabhängigkeit zu tun. Werte, die bei vielen Menschen sehr hoch angesiedelt sind.

Das heißt, die Mutterschaft bedeutet für nahezu jede Frau finanzielle Einbußen, akut und auch im Rentenalter und gleichzeitig kann dies einen Effekt auf Selbstwert, Motivation und damit auch erfülltes Leben haben.

Unsere Empfehlung für Arbeitgeber, Führungskräfte und HR
Für Eltern bedeutet ein Kind finanzielle Einbußen. Seien sich als Arbeitgeber dieser Tatsache stets bewusst und nutzen sie diese Chance, indem sie attraktive und lebensphasenorientierte Arbeitszeitmodelle und Gehaltsmodelle anbieten. Hier lohnt es sich externe Unterstützung einzuholen. Ebenso besteht ein großer Bedarf an Betreuungseinrichtungen, nicht nur für kleine Kinder, sondern vor allem auch für Schulkinder. Nur wenige Arbeitgeber haben den Bedarf bei Betreuung von Schulkindern erkannt und bieten firmeninterne Lösungen an. Ergreifen Sie als Arbeitgeber hier die Chance um einen echten Vorsprung in Mitarbeiterbindung und Arbeitgeberattraktivität verbuchen zu können.

Sinn und Werte

„Was gestern wichtig war, ist heute unwichtig."

Im vorangehenden Kapitel über die Säule der materiellen Sicherheit, wurde bereits erwähnt: Wenn die finanziellen Einbußen durch ein Kind hoch sind und für Mütter – gerade für jene in Teilzeitbeschäftigung – am Ende des Monats aufgrund erhöhter Lebenshaltungskosten und Betreuungskosten für das Kind kaum etwas auf dem Konto übrigbleibt, ist es umso mehr wichtig, dass der Job Sinn stiftet.

Viele Frauen berichten, dass die neue Lebenssituation nicht nur Geld, sondern auch Ressourcen, Zeit und auch Energie kostet. Wenn der Job, dann keinen Sinn macht, dann sind viele Frauen nicht mehr bereit die Strapazen der Doppelbelastung auf sich zu nehmen, sich in ihren Jobs – nur weil sie Mutter geworden sind – degradieren zu lassen und für den Arbeitgeber alles zu geben. Stattdessen gehen viele weibliche Fachkräfte während oder nach der Elternzeit verloren. Nicht selten deshalb, weil sie in diesem Job keinen Sinn mehr finden.

Es gibt die Frauen, die Sinn in ihrem Muttersein gefunden haben. Die deutsche Schriftstellerin Ilidiko von Kürthy sagt, „Mit einem Kind wird der Sinn ja frei Haus geliefert."

Podcastfolge 32 *„Es braucht einen Aufschrei der Väter!"* – buSINNess® Talk mit Ildiko von Kürthy, 3.9.2020
https://businnessmom.captivate.fm/episode/es-braucht-einen-aufschre i-der-vater-business-talk-mit-ildiko-von-kurthy

Und einige Mütter empfinden das auch so. Da können Arbeitgeber auch wenig dagegen oder dafür tun. Doch es gibt auch die Mütter, die vor und auch in der ersten Zeit mit Baby daheim ihren Job vermissen. Weil er ihnen Sinn gegeben hat und nun aufgrund der plötzlichen Abwesenheit des Jobs ein großes Loch im Mama-Alltag entsteht. Das sind die Frauen, bei jenen es wichtig ist Kontakt zu halten, so dass diese nicht dem Unternehmen verloren gehen.

In unserer Beratungspraxis für berufstätige Mütter erleben wir viele Frauen mit dem Anliegen „Neuorientierung". Es gibt Frauen, die vor der Eltenrzeit noch sagen, sie möchten sich voll und ganz auf das Kind konzentrieren und bewusst beruflich kürzertreten. Gerade sie sind es jedoch oft, die dann in der Realität mit Kind merken, wie viel ihnen die Arbeit bedeutet und wie viel Sinn ihnen dadruch fehlt. Diese wollen sogar dann manchmal viel früher als geplant zurück in den Job. Andere Frauen hingegen verspüren vor allem nach und auch schon während der Elternzeit etwas anders machen zu wollen. Sie merken, etwas passt nicht mehr. Und gar nicht so selten ist die Konsequenz, dass viele Frauen ihren alten Job kündigen und gar nicht mehr nach der Elternzeit zurückkommen.

Doch woran liegt das, dass gerade in dieser unsicheren Zeit mit kleinen Kindern viele Frauen sich selbst mit dem Thema der Neuorientierung konfrontiert sehen? Woran liegt es, dass so viele einen Schritt aus dem sicheren Job wagen und sehr oft sich selbständig machen?

- Zum einen hat das strukturelle Gründe, dass schlichtweg Kontakt zwischen Arbeitgeber und Mutter vernachlässigt wurde, oder aber auch zu wenig familienfreundliche Maßnahmen im Unternehmen angeboten werden (siehe Kapitel 2 und 4).
- Zum anderen hat dieser Zwang nach Neuorientierung individuelle persönliche Gründe und wir behaupten, dass dies jede Mutter betrifft: Die Identitätsentwicklung zur Mutter. Plötzlich gibt es da die neue große Rolle, die ausgefüllt werden will und die gleichzeitig auch Werteverschiebungen und neue Wertehierarchien mit sich bringt.

Machen wir uns erst einmal klar, was Werte überhaupt sind: Werte sind all das, was uns wichtig ist. Das kann

- die Familie sein,
- Nachhaltigkeit,
- Gerechtigkeit,
- Selbstbestimmung,
- Freiheit oder ja,
- auch Geld.

Alles steht erst einmal völlig wertungsfrei nebeneinander. Wir selbst entscheiden im Laufe unseres Lebens, auch anhand unserer frühen Prägungen und unserer Lebensziele, was uns wichtig ist und wofür wir bereit sind Zeit zu investieren. Das heißt ein Hobby, in dem wir auch noch in einem Umfeld sind, das den eigenen Werten entspricht, lässt uns die Zeit regelrecht vergessen. Ferner erkennen wir unsere Werte daran, wenn wir emotional berührt sind. Freude, Trauer, Angst, Wut etc. sind alles Indikatoren dafür, dass genau in diesem Moment ein Wert von uns berührt wird.

Ein Beispiel:
Sie lesen die Tageszeitung und sehen dort einen Bericht über die Hungersnot in der Dritten Welt. Möglicherweise macht Sie das sehr traurig oder gar wütend. Dann könnte in diesem Falle bei Ihnen der Wert Gerechtigkeit angesprochen. Was Werte alles sind und wie diese

identifiziert werden, ist im Buch „Sinnkrieger“ (Susanne Dietz 2014) ausführlich dargelegt.

Werte sind die Grundlage für Sinnfindung. Was uns nun vielmehr im Thema Mutterschaft interessiert: Werte können sich während des Lebens ändern und wir behaupten sogar, sie werden und müssen sich immer wieder ändern, je nach Lebensphase. Werte sind der Kompass einer jeden Lebensphase. Sie geben uns Orientierung und Sicherheit.

Wenn nun eine Frau Mutter wird, dann kommt es automatisch zu einer Neuordnung der Werte.

Das heißt das komplette bestehende Wertegerüst wird überprüft, damit das neue Leben und die neue Rolle integriert werden können. Während Familie vor der Mutterschaft gar kein Thema und damit kein Wert war, ist dieser Wert nun aufgrund des neuen Erdenbürgers einer der obersten Werte in der Hierarchie. Andere Werte wie berufliche Erfüllung verschwinden vielleicht sogar gänzlich. Das heißt, das komplette Wertegerüst wird im Rahmen einer Identitätsentwicklung auf den Kopf gestellt und ordnet sich neu.

Wir finden immer dann Sinn, wenn wir Lebenszeit in etwas investieren, was uns wirklich wichtig ist und unseren Werten damit entspricht.

Was nun wichtig für Arbeitgeber zu wissen ist: Mitarbeiter:innen finden immer dann Sinn in ihrem Job und sind bereit Ideen, Herzblut und Lebenszeit zu investieren, wenn ihre Werte in den Werten des Unternehmens bestätigt sind (ausführlich finden Sie dazu auch mehr im Buch „Sinnkrieger). Die Werte des Unternehmens finden Sie in der Regel in einem gut erarbeiteten Leitbild.

Achtung:
Die meisten Leitbilder sind Wunschwerte und keine echten Werte. Mit den wenigsten Leitbildern kann ein Unternehmen richtig arbeiten.

Das erklärt nun wiederum, warum viele Mütter nicht in ihren alten Job zurückkehren. Das neue Wertegrüst, das die Identitätsentwicklung zur Mutter mit sich gebracht hat, spiegelt sich nicht mehr in den Werten des Unternehmens. Das heißt konkret: Familie und Muttersein deckt sich in keiner Art und Weise in irgendeinem Wert des Unternehmens. Die Werte der Mutter und die des Unternehmens kollidieren miteinander oder schließen sich sogar gegenseitig aus. Diese Reibung kostet Energie – auf beiden Seiten. Die Investition an Lebenszeit in dieses Unternehmen macht sodann für diese Frau dann kaum bis keinen Sinn mehr und sie orientiert sich neu.

Wie man dem entgegenwirken kann und die Frau trotzdem für das Unternehmen binden kann, ist wieder: Kontakt. Der Kontakt ist ausschlaggebend dafür, inwiefern das Arbeitgeber und Mutter in dieser Phase der Neuordnung gemeinsam Perspektiven entwickeln. Sie als Arbeitgeber und Führungskraft dürfen Teil dieser Werteneuordnung sein und können so flexibel zusammen mit der Mutter auf die neue Lebensphase sinnstiftend einwirken.

Unsere Empfehlung für Arbeitgeber, Führungskräfte und HR
Sinn im Job finden Menschen dann, wenn sie sich in einem Umfeld betätigen, in dem ihre Werte bestätigt werden. Die Identitätsentwicklung zur Mutter bringt automatisch eine Werte-Neu-Ordnung mit sich. Das heißt: Was gestern wichtig war, kann heute schon ganz unwichtig sein. Durch die neue Werthierarchie sieht sich die Mutter nicht mehr in ihrem Job bestätigt. Seien Sie als Arbeitgeber auch hier wieder im engen Kontakt mit der Mutter. So können Sie diesen Prozess der Neuorientierung der Werte mitbegleiten und die Mutter kann auch nach der Elternzeit noch Sinn ihrer Tätigkeit bei ihrem Arbeitgeber finden. Sie können dadurch vermeiden, dass sich die Mutter aufgrund der Werteverschiebung ein neues Arbeitsumfeld sucht, in welchem sie Sinn finden kann und damit dauerhaft dem Arbeitgeber verloren geht.

3.2 Mütter als Wettbewerbsvorteil – Kompetenzen, die vor allem Mütter haben

Wir gehen einen Schritt weiter und sagen: Mutterschaft ist keine Einschränkung im Job, sondern bereichert eine Frau und damit die komplette Organisation enorm. Mutterschaft ist ein Beschleuniger für Persönlichkeitsentwicklung und wenn jene erfolgreich gelingt, dann ist die Mutter mit neu erworbenen Kompetenzen und einem erweiterten Werkzeugkoffer an Handlungsoptionen ein echter Gewinn für jedes Unternehmen. Dessen sind sich die Mütter in der Regel selbst nicht bewusst. Im Gegenteil. Wie in Kapitel 1 beschrieben, sinkt vielmehr das Selbstbewusstsein ab der Schwangerschaft, als dass sich Mütter lobend auf die Schulter klopfen und sagen: „Kinder machen uns nicht dümmer, sondern klüger!" (Zitat Sabine Asgodom) Dieses Mindset in einer Belegschaft darf jedoch verinnerlicht und im ersten Schritt bewusst gemacht werden. Die Führungskraft darf den möglichen Kompetenzgewinn sowohl mit der Mutter als auch im Team reflektieren.

Lassen Sie uns genauer betrachten, was genau in dieser Phase der Persönlichkeitsentwicklung geschieht: Eine neue Lebensphase, wie die des Elternwerdens, bringt ganz neue Herausforderungen mit sich. Das ist den meisten, ob Eltern oder nicht, bereits vor der Elternschaft bewusst. Was hingegen weniger Menschen bewusst ist: Was bedeutet das wirklich für die Eltern?

Neue Lebensphasen schaffen nicht nur neue Herausforderungen, sie bringen die Betroffenen in eine Krise. Das mag im ersten Moment extrem unattraktiv und vielleicht sogar beängstigend klingen, denn Krise ist in unserem Kulturkreis negativ konnotiert. Kaum jemand möchte gerne in einer Krise sein. Krise bedeutet jedoch in erster Linie, dass alte Muster, alte Werkzeuge, die wir bisher vor dieser neuen Lebenssituation zur Problemlösung hatten und unsere bestehenden Kompetenzen, in welchen wir gut trainiert waren, nun schlichtweg nicht mehr greifen. Im Idealfall erkennen wir selbst das Fehlen dieser neuen Kompetenzen. Meist geschieht dies durch einen stetig steigenden Leidensdruck, welcher irgendwann so groß wird, dass wir diesen nicht mehr aushalten und mindern wollen. Wir probieren Neues aus, Scheitern womöglich erneut, erlernen aber so zunehmend neue Fähigkeiten. Wir können somit durch diesen Weg durch eine Krise auf ein größeres und besser ausgebildetes Kompetenzrepertoire in den unterschiedlichsten Situationen zurückgreifen. Kurzum: Eine erfolgreich gemeisterte Krise ist immer ein Gewinn, da sie uns vor allem in unseren Fähigkeiten zur Problemlösung bereichert, das eigene Profil facettenreicher macht, dadurch motiviert, stärkt und das Selbstbewusstsein fördert.

Genau das passiert auch beim Mutterwerden: Mit dem Kind werden neue Herausforderungen geboren. Für die einen mehr, für die anderen weniger. Das ist von vielen Faktoren abhängig wie Persönlichkeit des Kindes und der Eltern, soziales Umfeld, eigene Ursprungsfamilie und vieles mehr. Doch egal wie intensiv dieser Change-Prozess mit dem neuen Leben, das da geboren wurde, ausfällt, die Mutter wird zwangsläufig neue Kompetenzen erlernen bzw. bisher erworbene Kompetenzen erweitern und ausbauen. Das geschieht nicht abgespalten vom Berufsleben, sondern umfasst die komplette Persönlichkeit der Frau und wirkt damit in alle Lebensbereiche. Und das ist wiederum etwas, was die Frau in ihrer Rolle als Mitarbeiterin und/oder Führungkraft exterm bereichert und dadurch auch ein Gewinn für jedes Unternehmen ist.

> Wenn Sie als Arbeitgeber sich diesem Mehrwert an Kompetenzen bewusst sind und diese Kompetenzen honorieren sowie bewusst in Ihr Unternehmensgefüge integrieren, steigern sie nicht nur den Unternehmenserfolg, sondern stärken auch das Vertrauen zwischen Mutter und Arbeitgeber, was wiederum auf eine langfristige Mitarbeiterbindung einzahlt.

Ebenso unterstützen Sie Selbstbewusstsein und Selbstvertrauen der Mutter. Es gilt diese Kompetenzen zu kennen und zu erkennen, mit der Mutter darüber in den Dialog zu gehen und zu planen, inwiefern diese künftig nach dem Wiedereinstieg auch in Sachen Karriereplanung im beruflichen Kontext Raum finden können.

Das Repertoire an Kompetenzen ist ein Weites. Im Folgenden sind die wesentlich wichtigsten Kompetenzen von Müttern aufgelistet, um ein Gefühl dafür zu geben, in welche Richtungen Mütter mit ihren neuen Herausforderungen weiterentwickeln können.

Business-Kompetenz: Flexiblität und Agilität

„Was heute funktioniert, funktioniert morgen möglicherweise schon nicht mehr."

Diese Erkenntnis dürfen vor allem Eltern mit einem Neugeborenen üben. Denn Kinder entwickeln sich gerade in der ersten Zeit rasend schnell und es ist in der Tat so, dass es in den ersten Wochen mit Baby schlichtweg ums Überleben geht. Das Überleben des Kindes, aber auch das Überleben des direkten Umfeldes. Eltern dürfen lernen, dass es gilt ständig neue Dinge auszuprobieren, Altes Loszulassen und neue Kompetenzen zu integrieren, damit ein Tag für das ganze Familiensystem gut gelingen kann.

Ein Beispiel:
Heute schläft das zwei Wochen alte Baby auf einmal nicht mehr im Kinderwagen, obwohl es das bisher ohne Probleme getan hatte. Es möchte nicht abgelegt werden. Sobald die Mutter das Baby in den Kinderwagen legt, fängt es fürchterlich an zu schreien. Wenn sie es hingegen hochnimmt, hört es auf und ist zufrieden. Die Mutter kann nun darauf beharren, dass das Baby im Wagen liegen bleibt und schiebt das Baby so lange schreiend durch den Stadtpark, bis das Baby vor Erschöpfung eingeschlafen ist. Baby und Mutter sind dann maximal gestresst, das Baby hat dadurch keinen erholsamen Schlaf und ist auch in den Wachzeiten anstrengend. In diesem Fall hält die Mutter mit großem Ressourcen-Aufwand und relativ schlechtem Ergebnis am alten System fest. Stattdessen kann die Mutter, aber auch ein neues System einführen. Das heißt: Sie hat bemerkt, wenn das Kind in der Babytrage eng am Körper ist, ist es ruhig und schläft entspannt ein. Also gilt es die alte Methodik des Kinderwagenschiebens für diesen Tag loszulassen und stattdessen anzunehmen, dass das Kind heute nur in der Babytrage schläft. Das ist ressourcenschonender, kostet weniger Nerven und sowohl Mutter als auch Baby können den Tag zumindest ein wenig entspannter überleben. Sie kann also bewusst wählen am alten System festzuhalten oder flexibel im Kopf zu sein und Neues auszuprobieren und zu integrieren.

Derartige Situationen haben wir gar nicht mal so selten im Arbeitsalltag. Jedoch merken wir es hier nicht so lautstark wie bei einem schreienden Neugeborenem. Stattdessen halten wir auch hier viel zu lange an alten Systemen fest, „weil wir es ja schon immer so gemacht haben“, obwohl es gar keinen Sinn mehr macht, unfassbar viele Ressourcen im Unternehmen bindet, für alle Beteiligten anstrengend ist und keine Aussicht auf Erfolg hat.

Haben Sie jedoch junge Mütter im Unternehmen, so sind diese nicht selten durch die Erfahrung mit ihren Kindern zum einen in ihrer Perspektive geschärft

- nicht funktionierende Dinge zu erkennen,
- in die Aktzeptanz zu gehen, dass es nicht mehr funktioniert,

- Altes loszulassen und Neues schnell im Unternehmen zu etablieren.

Seien Sie sich als Arbeitgeber, Führungskraft und HR-Verantwortliche stets dieser Flexibilität junger Mütter bewusst. Denn im Arbeitsalltag ist oftmals genau der entgegengesetzte Glaubenssatz über Mütter in den Köpfen verankert: Junge Mütter sind unflexibel, denn sie sind nur selten den ganzen Arbeitstag da oder das Kind ist krank oder, oder, oder.

Überprüfen Sie daher kritisch, ob dieser Glaubensatz in Ihrer Unternehmenskultur verankert ist, und leben Sie stattdessen vor, dass die große Möglichkeit besteht, dass gerade junge Mütter ein großer Wertebotschafter für Flexibilität sind. Denn sie haben durch ihre Mutterschaft gelernt, was es bedeutet, nicht mehr funktionierende Systeme schnell zu identfizieren, diese aktiv loszulassen und durch neue funktionierende Methoden zu ersetzen.

Business-Kompetenz: Resilienz

Resilienz ist seit Jahren nicht mehr aus dem Katalog der Managementthemen wegzudenken. Spätestens seit die Burnout-Zahlen gestiegen sind bzw. Menschen darüber öffentlich gesprochen haben. Aufgrund der großen Präsenz des Themas hat Resilienz inzwischen eine weite Bandbreite an Definitionsmöglichkeiten. In diesem Kontext wird Resilienz vorrangig in der Bedeutung Belastbarkeit und Widerstandskraft verwendet.

Nun mag man meinen, dass Resilienz nicht zu den Hauptkompetenzen einer jungen Mutter gehört. Denn die Mutter scheint ja ohnehin durch den kleinen Menschen in ihrem Leben, den Change, den dieser mit sich gebracht hat in ihren Kapazitäten an die Grenzen gekommen zu sein. Da stellt sich zu Recht die Frage, wieso Mütter, die ohnehin schon sehr belastet sind, auch noch resilienter sein sollen als vor der Mutterschaft.

Mütter werden nicht über Nacht zur Mutter. Das heißt das Mutterwerden, was per Definition eine Krise ist, da bisher erlernte Werkzeuge nicht mehr greifen, ist ein Prozess. Die Mutter darf sich neue Kompetenzen aneignen und neue Situationen meistern. Was wiederum bedeutet, dass sie in der neuen Herausforderung den „Muskel" Belastbarkeit stark trainieren muss und dadurch auch sukzessive widerstandsfähiger werden kann.

Ein Beispiel:
Während eine Frau vor ihrer Mutterschaft den ersten Flug um 6:05 Uhr als eine absoute Zumutung empfand und damit für sie klar war, dass dieser Business-Tag nicht optimal laufen kann, hat sie nun durch die Zeit mit Neugeborenem ihr Mindset zu Schlaf und was einen guten Tag ausmacht völlig geändert. Um 4:00 Uhr aufzustehen ist keine Besonderheit mehr. Sie hat durch die Zeit mit Baby gelernt, dass es eben solche Tage gibt und eine Frau diesen auch überlebt.

Das heißt Mütter nehmen Herausforderungen schneller an, haben alte Glaubenssätze relativiert und sind dadurch sehr viel belastbarer. Sprechen Sie hierzu mit der Mutter beim Wiedereinstieg. Signalisieren Sie, dass Sie sich sehr wohl der großen Anstrengungen während der Elternzeit bewusst sind und erkundigen Sie sich nach dem aktuellen Energielevel. Denn Resilienz bedeutet auch, dass eine Person durch eine neue Situation stark gefordert und belastet wurde, aber gleichzeitig dann die Zeit zur Regeneration braucht, damit der „Muskel“ Resilienz auch wachsen kann. Denn hat Regeneration nicht stattgefunden, kann man noch nicht von Resilienz ausgehen.

Seien Sie sich als Arbeitgeber und Führungskraft der Verantwortung bewusst, dass Sie für die Gesundheit und Belastbarkeit Ihrer Mitarbeiterin sorgen dürfen und müssen. Dafür ist es wichtig im engen Kontakt zu sein und ein gutes Vertrauensverhältnis zu fördern.

Business-Kompetenz: Diversität

Diversität ist womöglich nicht die erste Kompetenz, die man mit jungen Müttern assoziiert, doch ist die Mutterschaft eine Zeit, die Diversität vom ersten Tag und in einer unglaublichen Tiefe fördert. Ich spreche hier weniger von sichtbar diversen Merkmalen, sondern vielmehr von der Persönlichkeit eines Menschen.

„Menschen sind unterschiedlich.“

Das ist eine der Haupterkenntnisse, die Teilnehmer in guten Führungsprogrammen erhalten. Das bedeutet, Führungskärfte dürfen den Mensch im Kern verstehen, wie er oder sie tickt, wie man mit ihm oder ihr am besten kommuniziert, welche Stärken und Schwächen vorhanden sind oder ober er oder sie introvertiert oder extrovertiert ist und vieles mehr. Führungskräfte dürfen sich in ihrer Führungsarbeit erst einmal ein genaues Bild von ihren Mitarbeiter:innen machen, sie dürfen diese wirklich im Kern ihrer Persönlichkeit verstehen wollen und können erst dann ihr Führungsverhalten darauf einstellen, um zum gewünschten Ergebnis zu kommen.

Mütter, vor allem beim ersten Kind, sind beim Tag der Geburt ihres Babys genau mit dieser Aufgabe konfrontiert: Da kommt ein neuer Mensch auf diese Welt und keiner hat eine Ahnung, wer das wirklich ist. Keiner weiß, welches Gemüt das Baby mitbringt: Ist es sehr entspannt, sensibel oder temperamentvoll? Braucht es viel Nähe oder liebt es auch Freiräume? Ist es ein guter oder eher schlechter Schläfer? Und, und, und… Hinzu kommt, im Unterschied zur Führungssituation, dass das Baby noch nicht verbal kommunizieren kann. Das heißt die Mutter hat die fordernde Aufgabe sich auf die Persönlichkeit des Kindes gänzlich einzulassen, diese nach und nach kennenzulernen und dann herauszufinden, was für sie selbst, das Baby und das Familiensystem im Alltag funktioniert. Denn auch wenn Erziehungsratgeber verzweifelten Eltern machmal die Illusion schenken, man müsse nur dieses oder jenes tun, damit man ein zufriedenes Baby im Arm halten kann, so liegen diese nur in den seltensten Fällen richtig. Was bei dem einen Baby funktioniert, funktioniert beim anderen Baby überhaupt nicht.

Daher lernen Mütter von Grund auf, was es bedeutet sich auf eine gänzlich unbekannte Persönlichkeit und damit neue Situation einzulassen, den Menschen, der dahinter steckt, in seinen Bedürfnissen und Persönlichkeitsanteilen kennenzulernen und demnach das eigenen Verhalten eigenverantwortlich darauf einzustellen. Das ist eine derart tiefgreifende Schule, die so intensiv in keiner Entwicklungsmaßnahme, sei es Seminar, Workshop oder Coaching, vermittelt werden kann.

Seien Sie sich als Arbeitgeber, HR-Verantwortliche:r und Führungskraft daher dieser Kompetenz der jungen Mutter bewusst und besprechen Sie die Kompetenz Diverstität mit ihr, spätestens in einem Entwicklungsgespräch. Denn meist wissen Mütter selbst nicht über diese doch so essentiell wichtige (Führungs-)Kompetenz, welche sie automatisch mit dem Tag des Mutterseins erlernen durften. Diskutieren Sie demnach auch, in welcher Form diese Kompetenz in den Arbeits- und vielleicht Führungsalltag eingesetzt werden kann. Das signalisiert nicht nur Bewusstheit über die Kompetenz Diversität, sondern auch Wertschätzung und gleichzeitig zeitgemäßes Verständnis von Führung.

Business-Kompetenz: Effizienz

Effizienz ist wohl eine der Kompetenzen in Unternehmen, die nicht nur eine Fähigkeit, sondern vielmehr einen Wert, den keiner anzweifeln mag, darstellt. Effizienz spart Ressourcen und verspricht ein schnelles und hochwertiges Ergebnis.

Mütter sind vor allem aus einem Grund so effizent, da es eine Ressource gibt, die mit einem oder mehr Kindern unfassbar knapp wird: Von Tag eins, mit der Geburt des Kindes, wird die verfügbare Zeit, welche eine Frau bisher ausschließlich für sich selbst zur Verfügung hatte auf das Kind geshiftet. Und das im Extremum: Während die Mutter sich im sechswöchigen Mutterschutz voll und ganz auf sich und die eigenen Bedürfnisse konzentrieren konnte wird mit dem Zeitpunkt der Geburt der Fokus und damit auch die Ressource Zeit auf das Kind verlegt. Es geht in erster Linie um die Erfüllung der Bedürfnisse des Kindes, schlichtweg um es einfach am Leben zu halten. Und das erfordert einen 24-Stunden-Job. Nicht selten berichten Mütter, dass sie in der Anfangszeit nicht mal ihre eigenen Grundbedürfnisse stillen konnten, wie in Ruhe etwas essen, duschen oder einfach mal zur Toilette gehen. Und dass die größte Herausforderung sei, wirklich rund um die Uhr für jemand anderes da zu sein. Nie eine Pause und auch keine Planbarkeit von Zeit mehr zu haben. Die ständige Verfügbarkeit ohne Vorhersehbarkeit von Pausen zieht damit physische aber auch psychische Energie.

Die Anfangszeit mit Baby ist so zeit- und kräftezehrend, dass die Mutter dieser Extremsituation nur durch Akzeptanz aber auch bewusstem Einsatz der eigenen Ressourcen gerecht werden kann. Es geht um den Fokus auf das Wesentliche, die eigenen Ansprüche zu kennen und zu managen und auch das bewusste Priorisieren von Aufgaben, wie z. B. unwichtige E-Mails unbeantwortet zu lassen. Alles andere würde das komplette System überlasten und dann zum Kollaps führen.

Daher haben Mütter sehr früh gelernt, was es bedeutet, wirklich keine Zeit zu haben und sind gezwungen Methoden und Werkzeuge zu finden, wie mit der Ressource Zeit effizient umgegangen wird. Ziel ist es, dass sowohl Kind als auch Mutter und das Familiensystem überleben und etwas zeitvesetzt auch noch die berufliche Identität wieder Raum finden kann.

Für Arbeitgeber bedeutet dies, dass Mütter aufgrund des dauerhaften und akuten Zeitmangels stets in einem Modus der Effizenz arbeiten. Sie sind sich ihres Zeitmangels bewusst, spüren diesen sogar oft schmerzhaft, haben den Modus Effizienz jedoch auch im Job stets aktiviert. Mütter arbeiten schnell, gewissenhaft, fokusiert. Sie machen keine sinnlosen Kaffeepausen, verzichten auf den Tratsch in der Kaffeeküche oder manchmal sogar auf eine anständige Mittagspause.

Arbeitgeber und vor allem Vorgesetzte dürfen sich einerseits dieser hervorragenden Kompetenz Effizienz bewusst sein und diese z. B. im Projektmanagement und in Führungsaufgaben wertschätzend würdigen und kommunizieren. Denn dadurch steigern Sie nicht nur den Unternehmenserfolg. Sie fördern zeitgleich das Selbstbewusstsein der Mutter, was wiederum auf die Bindung zum Arbeitgeber einzahlt.

Seien Sie sich aber auch hier der Verantwortung bewusst, dass Sie als Arbeitgeber mit Sorge tragen, dass die Mitarbeiterin physisch und psychisch stabil ist und bleibt und sich selbst nicht überfordert. Denn auch das ist allgemein bekannt, dass vor allem Mütter nicht durch die Erwartungen im Außen, sondern vor allem unter den eigenen überhöhten Ansprüchen leiden und sich dadurch recht unbemerkt sukzessive schwächen, bis es eines Tages zum Zusammenbruch kommt. Sprechen Sie daher dieses Thema an, formulieren Sie Ihre Erwartungen und sprechen Sie über die eigenen Ansprüche der Mutter. Tragen Sie mit Verantwortung, dass erhöhte Effizienz als Gewinn für Mutter und Arbeitgeber bleibt und eben nicht zum Burnout und damit zum Verlust der Mitarbeiterin führt.

Business-Kompetenz: Change

Change-Management definiert seit Jahrzehnten nicht nur Beratungskonzepte, sondern manchmal sogar ganze Abteilungen, um Unternehmen erfolgreicher zu machen und sich auf eine sich stets veränderenden Welt schnell einstellen zu können.

Dass die Welt, Unternehmen und wir selbst uns stetig verändern, verdrängen wir oft. Doch nichts ist im Stillstand oder stabil. Alles ist ständig in Bewegung. Der Wunsch nach Stabilität bis hin zur Stagnation ist darin begründet, dass Neues immer Energie kostet. Und unser Gehirn versucht immer Energie zu sparen. Daher versuchen Menschen und auch Organisationen oft an Altem festzuhalten. Anstatt mit der Bewegung und der Energie der Veränderung zu gehen, leisten sie Widerstand gegen Neues, was jedoch wiederum Energie kostet.

Vereinfacht gesagt funktioniert ein gelungener Change-Prozess immer dann, wenn wir im ersten Schritt „Scheitern" mit bisherigen Herangehensweisen. Im nächsten Prozessschritt kommt die Erkenntnis des Scheiterns und folglich auch die Akzeptanz, dass das Alte nicht mehr funktioniert und neue Problemlösungsstrategien und Werkzeuge erarbeitet werden dürfen. Bevor diese jedoch etabliert und trainiert werden können, gilt es, das Alte bewusst loszulassen, um Raum für das Neue zu bieten. Erst dann können neue Werkzeuge gesucht, ausprobiert und etabliert werden, um das komplette System auf ein neues Level zu heben.

Viele Menschen und Organisationen scheitern bereits am zweiten Schritt: Der Erkenntnis und Akzeptanz, dass Altes nicht mehr funktioniert. Mütter hingegen sind mit dieser Tatsache, dass jeder Tag anders ist, von Anfang an konfrontiert. Nicht nur was das Management des Alltags angeht, sondern auch alleine schon bei der Betrachtung ihres Kindes wird sehr schnell klar, dass es gilt das Hier und Jetzt zu akzeptieren, das zu tun was heute funktioniert und stets offen für Neues zu sein, um auf Unvorhergesehenes vorbereitet zu sein.

> Vor allem Babys entwickeln sich rasend schnell. Manchmal berichten Mütter, dass sie morgens aufwachen und das Kind sich nicht nur anders verhält und neues erlernt hat, sondern plötzlich anders aussieht. Aufgrund dieser rasanten Entwicklung des Kindes darf sich auch die Mutter, das Familiensystem und auch der Alltag stetig anpassen. Es gilt: „Was heute funktioniert, funktioniert morgen schon nicht mehr."

Das ist im ersten Moment vielleicht eine unbefriedigende Erkenntnis, da so Planbarkeit und auch Kontrolle, was in Organsiationen nicht selten Erfolgsgaranten sind, schier unmöglich erscheinen. Andererseits entwickelt die Mutter dadurch ein hochflexibles Mindset und ist gezwungen stets neue Dinge auszuprobieren, Altes loszulassen und Neues zu etablieren.

Diese rasante Form des Change-Managements von Müttern dürfen sich Arbeitgeber bewusst machen. Auch hier gilt wieder:

Sprechen Sie diese Kompetenz bei der Mutter an. Nicht selten sind sich Mütter dieser Kompetenz gar nicht bewusst, weil dieser rasante Wandel und ständige Anpassung an neue Gegebenheiten eben nach anfänglicher Anstrengung irgendwann „normal" geworden ist und keine Besonderheit mehr ist.

Daher dürfen Sie zusammen mit der Mutter Bewusstheit für diese besondere Kompetenz schärfen, diese überprüfen und, sofern ausgeprägt vorhanden, die Mutter gerade in Change-Prozessen mit verantwortungsvollen Rollen betrauen.

Verleihen Sie bewusst die Rolle Change-Verantwortlichen oder betrauen Sie die Mutter mit der Aufgabe darauf zu achten, was in der Organisation veraltet ist, an welchen Stellen Mitarbeiter nicht loslassen können, was der Grund für den Widerstand ist. Entwickeln Sie Methoden, wie Neues in der Orgnisation etabliert werden kann.

Business-Kompetenz: Führung

Die Kompetenz Führung ist eine sehr komplexe. Denn Führung vereint sehr viele Kompetenzen, unter anderem jene, die oben bereits ausgeführt wurden. So sollte eine Führungskraft selbstverständlich effizient, effektiv, resilient, agil aber auch verantwortungsvoll und klar in der Kommunikation sein. Welche Kompetenzen verstärkt als erfolgsversprechend für die Führungsrolle sind wird wiederum durch Branche, Persönlichkeit und aber auch Kultur eines Unternehmens definiert. Das heißt ein Führungsprofil mit seinen Kompetenzen ist immer hochindividuell.

Doch auch wenn Führung als Kompetenz schwer greifbar und derart mannigfaltig aufgefächert werden kann, so haben sich viele Frauen gerade durch ihre Mutterschaft in ihrem Führungsprofil weiterentwickelt.

Es geht hier vielmehr darum, was es bedeutet sich selbst zu führen, jemand anderes im Familiensystem zu führen, den Haushalt zu managen, Zeitmanagement zu optimieren und vor allem Verantwortung zu übernehmen. Auch hier wird vom Tag eins nach der Geburt bewusst, dass die Frau von heute an für das Leben eines (oder mehreren) neuen Lebens verantwortlich ist. Es geht ums Überleben. Es heißt, das Tun und Sein dieser Frau hat unmittelbaren Effekt auf ein anderes kleines Menschenleben, welches ohne diese nicht überleben würde. Eine höhere Form der Verantwortung gepaart mit Bindung kann in der Kürze der Zeit in kaum einem anderen Kontext gefunden werden.

Derartige Führungskompetenzen, wie die der Selbstführung und Führung von anderen Menschen, erfordern viel Energie, aber auch Entwicklungsarbeit. Natürlich gibt es Menschen, welche mehr Freude an Führung haben als andere und dadurch leichter in eine Rolle mit Führungskompetenz kommen. Doch was es wirklich heißt einen anderen Menschen zu führen, Verantwortung zu übernehmen, lernen Mütter automatisch von Beginn an der Mutterschaft.

Sprechen Sie daher – vielleicht auch schon während der Elternzeit – mit der Mutter über das Thema Führung, auch Selbstführung und Verantwortung.

- Wie geht es ihr mit der neuen Situation?
- Erfüllt es sie oder überfordert es sie vielleicht sogar?
- Wo können Sie als Arbeitgeber und Führungskraft unterstützend wirken?

Und auch hier gilt wieder:

Eruieren Sie zusammen mit der Mutter, wie ausgeprägt die Führungskompetenz durch die Mutterschaft entwickelt ist.

- Inwiefern wurde diese durch das Kind erweitert?
- Was sind Entwicklungsthemen, an denen die Mutter gerade arbeitet?
- Wie können mögliche Führungskompetenezen gewinnbringend in den Business-Alltag integriert werden?

Seien Sie hier wertschätzend. Signalisieren Sie, dass Sie sich der großen Verantwortung, die die Frau durch ihre Mutterschaft hinzugewonnen hat, vollumfänglich bewusst sind. Und zeigen Sie, dass Sie großes Interesse haben, gerade diese erhöhte Führungskompetenz gepaart mit außerordentlichem Verantwortungsgefühl in das Entwicklungsprofil aufzunehmen. Diskutieren Sie, welche Möglichkeiten es gibt – sofern die Mitarbeiterin als Führungskraft geeignet scheint – die Mutter künftig in eine Führungsrolle zu bringen bzw. eine bestehende Führungsrolle weiter auszubauen.

4 Programme, Tipps und konkrete Maßnahmen

„Es braucht mehr als nur Betreuungsplätze!"

Vereinbarkeit als gelebten (Mehr-)Wert im Unternehmen zu etablieren, bedeutet vor allem: Mindset- und Kulturentwicklung. Damit meinen wir, dass es im ersten Schritt das Bewusstsein für das Potenzial der ambitionierten Mütter geben muss – von der kompletten Belegschaft – und alle unmittelbar Sinn für sich, das Team und die komplette Organisation erkennen Förderung von Müttern im Unternehmern gezielt voranzutreiben.

Die Maßnahmen, welche zur aktiven Förderung von Müttern und dadurch einer Kultur von Vereinbarkeit beitragen sind hochgradig individuell. Sie müssen zum aktuellen Entwicklungsstand, zur Struktur, Kultur und zur Zielsetzung des Unternehmens passen.

> Die Maßnahmen benötigen ein übergeordnetes, strategisches und in die Kultur integriertes Konzept, damit die Einzelmaßnahmen in der Tiefe und auf lange Sicht wirksam werden können. Zudem braucht es die Flexibilität und Achtsamkeit stetig Anpassungen vorzunehmen.

Daher ist für die Konzeptentwicklung unbedingt empfehlenswert sich als innovatives Unternehmen externe Perspektiven durch spezialisierte Beratungen für diesen Prozess und auch das Roll-Out an die Seite zu holen. Denn gerade wenn es um Kulturentwicklung geht, dann sind Mitarbeiter:innen eines jeden Unternehmens nach kürzester Zeit betriebsblind. Heißt, Potenzial wird übersehen, Lähmungen und Trägheit treten ein, Wertungen finden statt und teilweise langjährige Widerstände manifestieren sich.

Im Folgenden finden Sie Impulse und Anregungen für konkrete Lösungen und auch Entwicklungsmaßnahmen, um eine Kultur und ein Mindset von Förderung von Müttern im Unternehmen zu etablieren.

4.1 Kultur, Mindset und Zeit

„Wir brauchen keine Mütter-Coaches.“

Wenn wir in unserer Rolle als externe Unterstützung zum Thema Frauenförderung und Vereinbarkeit in die Unternehmen kommen wird uns nicht selten geschildert, dass ja schon einiges für junge Mütter gemacht wird. Da gibt es ein halbjährliches Treffen für Mütter in Elternzeit mit belegten Brötchen und Ansprache der Personalleitung. Oder aber es werden Müttern so genannte „Mütter-Coaches“ während der Elternzeit und zum Wiedereinstieg zur Seite gestellt.

Das sind an und für sich sehr gute Maßnahmen, doch sind diese in der Regel isolierte Einzelmaßnahmen, weder in Entwicklungsprogramme noch Unternehmensstrategie eingebunden und stark von der Initative der Mutter abhängig. In den meisten Fällen sind es die Mütter selbst, die eine Maßnahme für sich initiieren und mit dem Arbeitgeber verhandeln, eben weil der Leidensdruck im ersten Moment auf ihrer Seite höher ist als auf Arbeitgeberseite. Genehmigt werden diese Coachings dann meist nur nach mehrmaligem Nachfragen und ausreichend Ausdauer seitens Mutter. Doch: Es reicht nicht aus, die Entwicklungsmaßnahme einseitig auf den Schultern der Mutter zu „parken“ und ihre ein paar nette ToDo-Listen und Mantras der Selbstfürsorge an die Hand zu geben.

Und auch Coaching an sich ist keine Allheil-Maßnahme. Coaching ist immer unterstützend und muss immer im engen Kontakt mit Unternehmen stattfinden. Denn: In einem Coaching kann die Mutter in Elternzeit ihre Themen wie Identitätsentwicklung bearbeiten. Doch fehlt die Einbettung in eine Gesamtkonzept, in eine konkrete Zielsetzung für Organisation, Führungskraft und Mitarbeiterin, haben Coachings dieser Art in Sachen Vereinbarkeit auch im Sinne des Unternehmens wenig Erfolgsaussichten. Solche Maßnahmen, sind, wenn sie isoliert stattfinden, sogar gefährlich: Denn fehlt der Kontakt zum Arbeitgeber und fehlt auch eine Kultur der Vereinbarkeit so kommen Frauen gerade durch den Coachingprozess oft zum Ergebnis, nach der Elternzeit nicht zurückzukehren und wechseln dann den Arbeitgeber.

Aus unserer Sicht dürfen und müssen Arbeitgeber größer denken: Wenn Unternehmen weibliche Fach- und Führungkräfte binden wollen, dann braucht es eine Kultur im Unternehmen, die Vereinbarkeit möglich macht und dadurch ein Mindset in der Belegschaft, dass Mutterschaft temporär begrenzt, ein Gemeinschaftsprojekt und sogar ein Gewinn für die komplette Organisation betrachtet. Es muss organisationsübergreifend ein Stück weit „Verstehenwollen“ vorherrschen, was Mutterschaft im Kern bedeutet. Mutterschaft darf aber vor allem nicht als Nachteil, sondern idealerweise sogar als Vorteil gesehen werden (siehe Kompetenzen von Müttern). Scheint ein langer Weg zu sein, aber alles eine Frage der Kultur. Erst dann können Entwicklungsprogramme wie Weiterbildungen, Netzwerke und Coachings wirklich Wurzeln schlagen und nachhaltig fruchtbar im Unternehmen sein.

Ein Beispiel dazu:
Während in deutschen Unternehmen noch immer Augen verdreht werden, wenn ein Vater oder eine Mutter um Punkt 17:00 Uhr das Büro verlässt, um die Kinder aus Betreuungseinrichtungen abzuholen ist das in Skandinavien oft andersherum. Ein schwedischer Kollege schilderte, dass vor allem auch Väter schief angeguckt werden und dumme Kommentare ernten, wenn sie länger abends im Büro sind, eben *weil* sie ja auch noch eine Familie daheim haben.

Wenn die komplette Organisation im Kern verstanden hat, dass Mutterschaft kein Nachteil ist, sondern im Gegenteil ein Mindset des Verstehenwollens und der Machbarkeit entwickelt, dann finden Mütter einen festen Platz in der Organisation, dürfen offen und ehrlich über ihre Herausforderungen sprechen und können so auch langfristig fürs Unternehmen als Fach- oder Führungskraft gewonnen werden. Innerhalb dieses „Gemeinschaftsprojektes Mutterschaft“ und einer familienfreundlichen Kultur des Verstehenwollens können dann gewinnbringend Maßnahmen wie Entwicklungsprogramme und Coachingmaßnahmen eingebettet werden.

Doch wie entsteht familienfreundliche Kultur und was können moderne Unternehmen konkret tun, um Kultur zu entwickeln? Wenn wir zur Kulturentwicklung zum Kunden kommen, wird uns oft geschildert, Kultur muss intern erst entwickelt werden. Das ist so nicht richtig. Kultur ist immer da und muss nicht erst entwickelt werden. Es kann sein, dass eine Kultur da ist, welche nicht Unternehmensziele unterstützt oder so nicht erwünscht ist. Aber Kultur an sich ist immer da.

Um Kultur zu verändern und auf das nächste Level zu heben braucht es vor allem: Ein Verstehen auf allen Ebenen, dass ein Wert wie „Vereinbarkeit“ Sinn stiftet für die komplette Organisation und auch Nutzen bringt.

Wenn dies verstanden wurde, dann braucht es Vorbilder im Unternehmen. Wir nennen diese auch „Wertebotschafter". In der Regel sind das die Führungskräfte eines Unternehmens. Sie dürfen vorleben, dass

- Mutterschaft kein Ausschlusskriterium für Fach- und Führungskarrieren ist,
- es wichtig ist von Anfang an offen über das Thema Familienplanung zu sprechen,
- es ok ist, dass man auch im Homeoffice arbeitet und auch früher, auch als die Führungskraft, das Büro verlässt etc.

Führungskräfte dürfen hier vorangehen. Ziele und auch Werte müssen klar formuliert sein und es braucht das Commitment der Belegschaft, dass diese Werte auch gelebt werden dürfen. Es muss aber auch Bewusstsein dafür herrschen, welche Werte bereits selbstverständlich gelebt und akzeptiert sind und welche Werte eben noch nicht etabliert sind. Für letztere sei gesagt: Kulturentwicklung braucht immer Zeit.

Wenn Führungskräfte den Wert Vereinbarkeit etablieren wollen, dann dürfen sich diese bewusst machen, dass die Belegschaft erst einmal positive Erfahrungen zu diesem neuen Wert machen darf und muss, bevor dieser, dann auch in den Köpfen verankert und damit gelebt werden kann.

Ferner braucht es neben einem flexiblen Mindset für Vereinbarkeit auch das Bewusstsein: Mutterschaft – in der Arbeitgeber-Arbeitnehmerin-Beziehung – ist immer temporär begrenzt. Es handelt sich um einen doch recht übersichtlichen Zeithorizont, in dem Mutter und Arbeitgeber Fokus und Flexibilität auf diese besondere Phase haben sollte. In der Regel beginnt dies in der Schwangerschaft, um den Prozess vorzubereiten. Es intensiviert sich in der Elternzeit und beim Wiedereinstieg – da dies die heiklen Phasen sind, in denen die meisten Mitarbeiterinnen den Arbeitgeber wechseln – und wird sich noch etwa 10 Jahre, bis etwa Ende der Grundschulzeit der Kinder ausweiten. In dieser späten Zeit geht es jedoch dann meist darum passende Betreunngseinrichtungen für das Kind zu finden und vor allem individuell und flexibel auf neue Herausforderungen, Situationen und Entwicklungsphasen seitens Unternehmen und Mutter reagieren zu können.

Das heißt, wenn eine Mutter mit Anfang oder Mitte 30 ihr erstes Kind bekommt, dann können Arbeitgeber davon ausgehen, dass sie spätestens Mitte 40 wieder voll in ihren Job zurückkehren kann. Was wiederum bedeutet, dass wenn der Prozess der Vereinbarkeit gelingt, Mindset für das Potenzial für Mütter in der Unternehmenskultur vorherrscht und das Projekt

„Mutterschaft" gemeinschaftlich durch Arbeitgeber und die Mitarbeiterin gestemmt wird, die Mitarbeiterin noch immer 20 Jahre für das Unternehmen tätig sein kann. Eine Investition, die sich in jedem Fall lohnt!

4.2 Die drei häufigsten Gründe für das Misslingen des Wiedereinstiegs

Die Gründe sind:

- Überhöhte Ansprüche
- Isolation
- Planlosigkeit

Ein gelungener Wiedereinstieg hat viele Variablen, die je nach Person und auch Unternehmen hoch individuell ausfallen. Aus unserer Beratungspraxis von Unternehmen und auch Müttern haben wir die drei häufigsten Gründe identifiziert, warum Wiedereinstieg nicht gelingt.

Überhöhte Ansprüche und Ehrlichkeit der Mütter

Frauen sind noch immer häufig durch Erziehung, Gesellschaft und Bildungssystum in der Weise sozialisiert, dass sie dann Lob erhalten, wenn sie vor allem angepasst, diszipliniert und ruhig sind. Das kommt ihnen in einem Schulsystem wie dem deutschen zugute und könnte auch ein Grund sein, dass Mädchen in den Schulstatistken besser abschneiden als ihre männlichen Mitschüler. Im Berufsleben hingegen bemerken sie dann doch sehr schnell, dass ruhig sein, nicht immer Erfolgsfaktor ist. Hier geht es vielmehr um Sichtbarkeit und auch Gehörtwerden. Wenn nun Frauen Mütter werden und ohnehin mit Vorurteilen von der „nicht mehr so leistungsfähigen Frau, nur weil sie nun Mutter ist" zu kämpfen haben, versuchen diese oft die Probleme und Herausforderungen, mit denen sie nun mit Kind konfrontiert sind „unter den Teppich zu kehren". Sie „verheimlichen" ihre Mutterschaft. Die perfekte Fassade der erfolgreichen Frau, die mit Leichtigkeit alles schaffen kann, soll aufrecht erhalten bleiben. Nur keinen Ärger machen und keine Schwächen zeigen.

Doch das ist fatal für einen Wiedereinstieg und Job mit Kind. Denn wenn Chefs und Arbeitgeber nicht wissen, wie der echte Status Quo der Frau ist – dass sie z. B. gesundheitlich angeschlagen, das Kind sehr fordernd oder sie inzwischen alleinerziehend ist – können diese nicht adäquat unterstützend auf die Mitarbeiterin eingehen. Kontakt und Vertrauen leiden unter Unehrlichkeit. Scheitern ist vorprogammiert.

Wir erleben oft, dass Frauen vor der Elternzeit zu straffe und strenge Wiedereinstiegspläne vorlegen. Was viele sich nicht vorstellen können: Der eigene psychische und physische Zustand ist nicht vorhersagbar, ebenso wenig wie der Charakter des Kindes. Das heißt, viele Frauen sind nach vielleicht 6 Monaten Elternzeit noch nicht wirklich wieder in der Kraft zu arbeiten, oder aber der Charakter des Kindes fordert die Mutter 24/7. Ähnliches gilt für Eingewöhnungszeiten in Kitas: Das eine Kind lässt sich bereits an Tag 2 ohne Tränen abgeben und spielt vergnügt, während andere Kinder 8 Wochen oder länger nur unter größtem Protest und Widerstand in eine Einrichtung gehen.

Mütter müssen hier in die Eigenverantwortung kommen, flexibel ihre Pläne anzupassen, nicht zu hohe Ansprüche an sich selbst, das Kind und auch den Arbeitgeber zu stellen und die Karten auf den Tisch zu legen. Nur so hat der Arbeitgeber, die direkte Führungskraft und auch das HR-Management die Chance unterstützend in dieser sensiblen Phase zu wirken und so einen gelungen Wiedereinstieg zu gestalten.

Orientierungslosigkeit und Isolation

Wenn eine Frau Mutter wird, dann ist von heute auf morgen alles anders. Es scheint von Außen nicht selten so, als würde sie komplett von dieser Baby-Bubble gefangen sein. Das kann positiv für die Mutter sein, weil sich die Frau in dieser neuen Rolle komplett erfüllt sieht. Diese Vereinnahmung kann jedoch auch negativ bewertet werden, wenn die Mutter durch die psychische und körperliche Anstrengung, oft durch ein anspruchsvolles Baby ergänzt, völlig über die eigenen Grenzen geht und im Überlebensmodus ist.

Wie auch immer, Muttersein ist eine der heftigsten Identitätsentwicklungen und selten sind sich Arbeitgeber und Führungskräfte und auch die Mutter dieses heftigen Prozesses der Persönlichkeitsentwicklung nicht bewusst. Mütter wollen oft nicht wahrhaben, dass sie eben nicht mehr die Frau vor der Elternzeit sind, und Arbeitgeber wundern sich, welche Frau da zurückgekommen ist und wenig Gemeinsamkeiten mit der Frau vor der Elternzeit hat. Es braucht daher zum einen

- Bewusstsein für diese Identitätsentwicklung (siehe Kapitel 3),

- erhöhte Selbstreflektion der Mutter und vor allem
- einen guten Kontakt zwischen Arbeitgeber und Mutter (siehe Kapitel 2).

Oft findet kein oder kaum Kontakt in der Elternzeit statt. Zum einen begründet durch die neue Lebenssituation der Mutter, die wie manche Frauen schildern nun auf „einem völlig anderen Planet leben“, ganz andere Werte haben und diese anders priorisieren. Die Arbeitswelt wird nahezu vergessen. Zum anderen aber auch auf Arbeitgeberseite begründet: Das Arbeitsleben geht auch ohne die junge Mutter weiter. Teams werden neu aufgestellt, Aufgaben neu verteilt. Aus den Augen aus dem Sinn.

Es braucht also eine vertrauensvolle Beziehung zwischen Arbeitgeber und Mutter, vor allem in den Abwesenheitszeiten, in welcher jede:r der beiden Parteien nach wie vor Teil der anderen „Welt“ ist.

In Meetings kann man das z. B. durch einen leeren Stuhl für die Kollegin signalisieren und auch hier bei Entscheidungen mit einfließen lassen, was ihre Meinung dazu ist. Alleine durch die symbolische Geste kann so entgegengewirkt werden, dass die Kollegin nicht vergessen wird.

Planlosigkeit und fehlende gemeinsame Ziele

Wenn eine Frau ihre Schwangerschaft der Führungskraft mitteilt, so wird möglicherweise noch berechnet, wann der Mutterschutz beginnt und wann die Frau in etwa wieder aus der Elternzeit zurückkommt. Aber das war es dann auch mit festen Terminen.

Damit ein Wiedereinstieg gelingen kann, braucht es Verbindlichkeit, welche unter anderem durch feste Termine zum Ausdruck gebracht wird. In der Realität lassen sich Verbindlichkeit und feste Termine oft vermissen: In den meisten Fällen wird vereinbart „Melde dich doch mal, wenn das Baby da ist.“ „Oder melde dich doch dann kurz, bevor deine Elternzeit vorbei ist, damit wir dich wieder einplanen können.“ Das funktioniert nicht. Denn „sich mal melden“ findet oft nicht statt oder nur mit viel Glück. Im Projektmanagement ist eine der obersten Regeln, die auch hier gilt:

Arbeit/Aufgabe immer mit einem festen Datum!

Es braucht daher einen für das Unternehmen individuell aufgesetzten Prozess für die Phasen Mutterschutz, Elternzeit und Wiedereinstieg – aber auch Förderung von Müttern mit älteren Kindern. Es ist ratsam sich für die Prozesserstellung und die darin enthaltenen Verantwortlichkeiten externe Beratung und Perspektive zu holen. Nicht selten sieht die interne Perspektive vieles als selbstverständlich, was im Nachhinein zum Verhängnis wird, weil es eben nicht selbstverständlich ist.

Es ist also wichtig einen konkreten Prozess für Mutterschutz, Elternzeit und Wiedereinstieg aufzusetzen, in welchem geregelt ist, wann und wie oft Kontakt stattfindet, wie Verantwortlichkeiten aufgeteilt sind, Definiton von Schnittstellen, Vertretungspläne etc. Gerade für die Regelkommunikation ist es wichtig einen festen Termin mit Datum zu vereinbaren, denn nur so werden diese auch wirklich eingehalten.

Wir nennen das „Kontaktpläne". Wann, wie oft, in welcher Form wird Kontakt während der Abwesenheit gehalten. Es reicht nicht aus „Ende des Monats". Es sollte immer ein konkretes Datum festgehalten werden. Neben dieser sehr konkreten Planung und Verbindlichkeiten ist es wichtig Flexibilität zu wahren. Die Mutterschaft ist eine Phase, die so viele unplanbare Variablen hat.

Ebenso wie die festen Prozesse mit Terminen werden nicht selten die Vereinbarung von konkreten Zielen vergessen. Das ist fatal. Denn gemeinsame Ziele zwischen Arbeitgeber und Mutter schaffen Verbindlichkeit, Kontakt und auch Bindung. Daher ist es es wichtig schon vor dem Wiedereinstieg Karriereziele zu definieren und auch mittel- bis langfristige Ziele aufzusetzen. Denn so kann Commitment signalisiert werden und Arbeitgeber sowie Mutter haben den Fokus in dieselbe Richtung. Fluktionsraten werden dadurch gemindert.

Erfolgsfaktoren für Wiedereinstieg

- Offene Kommunikation über die Herausforderungen der Mutterschaft zwischen Führungskraft und Mutter.
- Realistische Zielsetzungen ohne Überforderungen und stetige flexible Anpassung.

- Bewusstsein für Identitätsentwicklung während Elternzeit seitens Arbeitgeber und der Mutter selbst.
- Vertrauensvoller Kontakt zwischen Mutter und Arbeitgeber, Führungskraft und Kollegen.
- Prozess für Mutterschaft, Elternzeit und Wiedereinstieg individuell gemäß Kultur, Branche und Unternehmensprofil aufsetzen.
- Verbindliche Termine für Regelkommunikation während Elternzeit und auch Planung Wiedereinstieg vereinbaren und einhalten.
- Flexibilität und Anpassungen des Plans wahren.
- Gemeinsame Ziele – kurz-, mittel- und langfristig – für Elternzeit und die Zeit nach dem Wiedereinstieg definieren, um so Commitment und Bindung zu erzielen.

4.3 Warum Vereinbarkeit alle angeht

„Verantwortung und Co-Kreation."

Wenn Vereinbarkeit gelingen soll, müssen ***alle*** in die Verantwortung kommen:

- Mütter,
- Chefs,
- HR-Verantwortliche,
- Teamkollegen,
- Unternehmen und
- die Gesellschaft.

Die Verantwortung für Vereinbarkeit muss von allen Betroffenen erst einmal

- erkannt,
- dann richtig übernommen
- und demnach gelebt werden.

Nur wenn sich alle in der Verantwortung sehen, diese von mehreren Schultern getragen wird und an der richtigen Stelle von der richtigen Person oder Instanz übernommen wird, dann kann Vereinbarkeit gelingen.

Im Grunde ist die beiderseitige Verantwortung zwischen Arbeitgeber und Mutter nichts anderes als **Co-Kreation**. Ein Begriff, der seit Jahren in der Business-Szene Einzug hält.

Co-Kreation braucht immer mindestens zwei Parteien, aber vor allem ein gemeinsames Anliegen. Das gemeinsame Anliegen ist oftmals gar nicht so offensichtlich. Im Falle von Mutterschaft ist das Anliegen auf Arbeitgeberseite und Mutter schlichtweg: Arbeit. Für die Mutter hat Arbeit mehrere Bedeutungen, wie finanzielle Absicherung und damit Existenzsicherung, Identität und damit erfülltes Leben, Sinn, Teilnahme am sozialen Leben, Netzwerketablierung etc.

Für den Arbeitgeber bedeutet Arbeit nichts anderes als eine Konstante im Unternehmenserfolg: Die Qualität der Arbeit im Unternehmen steht in direkter Korrelation zur Qualität des Unternehmenserfolgs. Das bedeutet wiederum, dass die Qualifikation und Leistungsbereitschaft der Mitarbeiter:innen ein wesentlicher Bestandteil von Unternehmenserfolg ist. Daher sollten sich sowohl Arbeitgeber, in Persona Führungskraft, und Mutter, bereits im Vorfeld ihr gemeinsames Anliegen Arbeit (es kann selbstverständlich auch Erfolg, Leistung, Miteinander etc. sein) bewusst machen. Idealerweise ist es sogar Sinn in der Arbeit. Die Mutter findet über ihre Arbeit Sinn und erlangt dadurch Erfüllung und der Arbeitgeber erlangt über den Sinn in der Arbeit Unternehmenserfolg. Wenn sich beide Seiten ihres Anliegens bewusst sind und sich dieses Ziel immer wieder vor Augen halten, in Gesprächen einfließen lassen ist ein wesentlicher Grundstein für verantwortungsvolles Miteinander gelegt.

Doch geht es nicht nur um ein binäres System zwischen Arbeitgeber und Mutter. Es ist genauer betrachtet sehr viele komplexer, da ein Arbeitgeber sich wiederum in viele unterschiedliche und in sich autonome Einzelsysteme aufteilen lässt.

Lassen Sie uns einmal einen systemischen Blick darauf werfen und wie Menschen und Organisationen miteinander verbunden sind.

> Menschen sind in sich geschlossene Systeme und leben wiederum auch in Systemen. Systeme sind z. B. Familien, Unternehmen, Teams, Sportvereine, die Musikkapelle, ein Dorf etc. Das heißt, immer dann, wenn zwei oder mehr Menschen in einem bestimmten Kontext zusammentreffen, dann bilden sie ein System. Wenn sich nun nur einer dieser Menschen in einer gewissen Art und Weise verändert, dann muss sich zwangsläufig das ganze System mit verändern.

Dieses Phänomen lässt sich sehr einfach anhand eines Mobilés erklären. Sie kennen sicherlich die Mobilés, die man Babys über die Wiege oder in den Kinderwagen hängt. Das heißt, Sie können sich ein Team wie eines dieses Mobilés vorstellen. An den Fäden und einzelnen Stangen hängen die einzelnen Teammitglieder. Wenn sie nun nur ein Team-Mitglied anstupsen, passiert folgendes: Das ganze Team „wackelt" mit. Das heißt aber auch gleichzeitig, je höher die Intensität ist, mit der Sie ein Team anstupsen, desto mehr wackelt das ganze Mobilé, also das ganze System bzw. Team. Weiter muss man wissen, dass solche Systeme immer nach Homöosthase streben. Das bedeutet, alle Teile eines Systems versuchen wieder schnellstmöglich in einen Ruhezustand und damit ins Gleichgewicht zu kommen, indem sie sich gegenseitig ausbalancieren. Wenn Sie dieses Prinzip verinnerlicht haben, so wird Ihnen sehr schnell klar, warum Teams immer erst mal aus dem Gleichgewicht kommen, wenn eine:r das Team verlässt oder hinzukommt. Das gleiche System gilt auch für Einzelpersonen: Wenn Sie sich z. B. scheiden lassen, dann ordnen Sie ihr komplettes Umfeld neu: Sie überdenken ihre Werte, stellen womöglich eine neue Wertehierarchie auf, wechseln den Wohnort und den Arbeitgeber und finden sodann neue Freunde. Und auch hier strebt Ihr eigenes System dann wieder nach Stabilität, Gleichgewicht und Ruhe. Denn das ist der Zustand, der am wenigsten Energieaufwand bedeutet. Permanente Veränderung würde demnach kein Team stemmen können.

Wenn wir uns nun unser Thema der Mutterschaft im Bild des Mobilés betrachten, so passiert bereits bei Bekanntwerden der Schwangerschaft folgendes: Die werdende Mutter selbst wird erst einmal in sich vieles in Bewegung bringen. Erste praktische Fragen wie:

- Brauche ich eine neue Wohnung?
- Wie wird mein Chef reagieren?
- Wie lange kann ich meine alte Garderobe noch tragen? Etc.

Sind die Fragen noch so trivial, sie treten bei der Mutter auf und bringen hier schon mal Bewegung ins Spiel, was sich wiederum auf ihre Position im Team auswirkt. In der Regel merkt das Umfeld diese Veränderung noch nicht, wenngleich vielleicht unbewusst. Doch nach und nach treten vielleicht schon bei den ersten sensiblen Kolleg:innen Fragezeichen und damit Spekulationen auf. Wenn die werdende Mutter ihre Schwangerschaft nun offiziell ihrer Führungskraft kommuniziert hat, dann kommt richtig Bewegung ins Team-Mobilé: Es werden sich Gedanken darüber gemacht, wie die restliche Zeit zum Mutterschutz gestaltet wird.

- Wie lange wird die Elternzeit dauern?
- Wer übernimmt die Vertretung während der Elternzeit?
- Wie kann ein Wiedereinstieg aussehen?

Auch hier ist es bereits enorm wichtig, dass Führungskraft und werdende Mutter im engen und vertrauensvollen Kontakt stehen, sodass keine Unsicherheiten entstehen, welche wiederum auf das komplette Team ausstrahlen können.

Wenn die werdende Mutter sodann ihren physischen Platz im Team verlässt, dann darf sich das Team neu ordnen, denn die Mutter ist nun ja erst einmal für – im Optimalfall – bestimmte und vorher definierte Zeit weg. Die Herausforderung für die Führungkraft besteht nun hier besonders darin, einen Platz im Team, der für eine bestimmte Zeit nicht besetzt ist, zu halten und gleichzeitig das Team mit möglichst wenig Turbulenzen durch diesen temporären Ausstieg der Mutter zu navigieren. Dafür bedarf es auch wieder eines engen Kontakts zum Team, klare Kommunikation über Zielsetzungen, Erwartungen an die einzelnen Rollen, eine klare Vertretungsregelung.

Wenn die Mutter dann zurückkommt, meist nach einem Jahr, dann hat sich das Team-Mobilé neu ausgerichtet. Und auch jetzt darf sich die Führungskraft bewusst sein, dass es nicht ohne Bewegung im Team gehen wird, wenn das Onboarding der Mutter nach der Elternzeit ansteht. Das Team muss sich auch jetzt erst wieder neu ordnen und durch sich gegenseitiges Ausrichten den Ruhzustand und damit einen Zustand der Produktivität erreichen.

Hinzu kommt, dass die Mutter währen der Elternzeit eine heftige Identitätsentwicklung durchlebt hat. Sie hat eine komplett neue Rolle mit komplett neuen Kompetenzen integrieren müssen (siehe Kapitel 3). Was wiederum zu Schwierigkeiten in der Planbarkeit von Projekten, der Teamentwicklung sowie Teamstabilisierung und dem Prozess des Onboardings führen kann. Nicht selten melden hier Chefs zurück: „Und dann kam da eine völlig andere Frau zurück!“

Empfehlung:
Wir raten dazu diesen Prozess anhand der Mobilé-Metapher mit Mutter und Team bewusst zu besprechen und sich auch immer wieder darauf zu berufen. Aufgrund der hohen Komplexität dieses Prozesses im Team empfehlen wir hier immer externe Begleitungen wie Teamentwicklungen während und nach Elternzeit, Coaching der Führungskraft sowie Coaching der Mutter. Durch präventive und bewusste Entwicklungen im Team werden so Ressourcen gespart und gleichzeitig Konflikte und Reibungsverluste minimiert.

Ein Wort über die **Väter** – warum Vereinbarkeit nicht nur Mütter betrifft.
Viele Unternehmen bieten immer noch Karrieren, die auf die klassischen Rollenverteilungen zwischen Mann und Frau aufbauen. Das bedeutet konkret, Mann arbeitet Vollzeit und Frau übernimmt den Großteil der Care-Arbeit und macht damit den Vollzeit-Job des Mannes überhaupt erst möglich. Das hat über Jahre gut funktioniert und der Leidensdruck seitens Unternehmen diese Strukturen zu überdenken und auf ein Level der Gleichberechtigung zu heben war durchaus gering. Seit Jahren haben wir aber nun immer mehr jüngere Generationen, die auch in die Führungsebenen gelangen. Diese Generationen haben jedoch völlig andere Werte: Zum einen wird eine Führungskarriere nicht mehr als erstrebenswert angesehen. Fachkarrieren scheinen jenen gleichermaßen attraktiv. Das bedeutet für die Unternehmen Führungskräftemangel nicht nur bei Frauen, sondern auch zunehmend bei Männern. Hinzu kommt, dass dieser jungen Generation der Wert „Work-Life-Balance“ und Leben neben dem Job wichtiger ist als den Generationen vorher. Viele junge Männer sagen bewusst, sie möchten auch Teil des Familienlebens und auch Teil der Erziehung der Kinder sein. Nicht selten dadurch motiviert, dass sie in der eigenen Familie einen Vater erlebt haben, der wenig anwesend war und diese es nun anders machen wollen.

Das heißt für Unternehmen konkret: Das Thema Vereinbarkeit ist nicht mehr nur ein Thema, das weibliche Mitarbeiter betrifft. Wenn Unternehmen morgen noch attraktiv sein wollen, sowohl für weibliche als auch männliche

Bewerber:innen und Mitarbeiter:innen, dann müssen sie eine allumfassende Kultur der Familienfreundlichkeit etablieren. Denn die Forderungen werden nicht mehr nur von Frauen kommen, sondern auch von ihren männlichen Kollegen. Ganz konkret und pointiert fomuliert:

> Wenn eine Frau Mutter wird und ausfällt, dann ist nicht automatisch der Mann die Lösung für die Besetzung. Denn dieser kann ebenso jederzeit aufgrund seiner Vaterschaft für unbestimmte Zeit ausfallen.

4.4 Hard-Facts der Vereinbarkeit: Prozesse, Arbeitszeiten, Finanzen und Kinderbetreuung

„Strukturiert und organisiert."

Die Basis von Vereinbarkeit ist eine Kultur, die Familienfreundlichkeit und Mutterschaft bzw. Elternschaft trägt. Gleichermaßen braucht es neben diesem weichen oft nicht greifbaren Faktor „Kultur" Strukturen und Einrichtungen, die eine feste Basis und Nährboden für Familienfreundlichkeit bieten. In erster Linie sind hier die Geschäftsführung sowie das HR-Management in der Verantwortung, diese Grundlagen zu schaffen und zu etablieren. Es geht um

- Prozesse,
- Arbeitszeitmodelle,
- finanzielle Unterstützung sowie um
- Modelle der Kinderbetreuung und damit Entlastung von Eltern,

um Fokus im Job halten zu können.

Prozesse aufsetzen und kommunizieren

Um Bewusstheit für Vereinbarkeit und den professionellen Umgang mit Mutterschaft im Unternehmen zu etablieren und damit zu leben, braucht es festgesetzte Prozesse, die zum einen alle kennen und zum anderen sich auch alle daran halten. Ein fest gesetzter Prozess – so unsexy das oft klingen mag – schafft Commitment und Verlässlichkeit auf beiden Seiten. Es ist eine Art Vertrag, auf den sich beide Parteien stützen können und welcher

Orientierung schafft. Letzteres ist vor allem in Phasen der Abwesenheit, wie Elternzeit, unabdingbar.

In diesem aufgesetzten Prozess gilt es im ersten Schritt die zeitliche Schiene zu definieren: Meist beginnt diese mit der Kommunikation der Schwangerschaft, Einsatz bis zur Elternzeit, Jour Fixes bis zum Mutterschutz, Mutterschutz selbst, Geburt, Elternzeit, Wiedereinstieg, Unterstützung bis zur Volljährigkeit der Kinder. Wenn Sie diese Stationen definiert haben, dann geht es in den einzelnen Phasen darum zu definieren:

- Wer ist hier verantwortlich?
- Gibt es Schnittstellen? Wenn ja, welche?
- Welche konkreten ToDos gibt es für wen?
- Welche konkreten Entwicklungsmaßnahmen müssen angestoßen und/oder nachgehalten werden? (Teamentwicklungen, Workhshops, Coachings, E-Learning, ...)
- Welche Termine müssen eingehalten werden?

Wenn man es genauer betrachtet, beginnt der Prozess zum Thema „Vereinbarkeit" bereits mit dem Recruiting-Prozess. Wir wissen, dass in Vorstellungsgesprächen rein rechtlich nicht nach Familienplanung etc. gefragt werden darf. Doch kann seitens Unternehmen sehr wohl signalisiert werden, wie intern das Thema Vereinbarkeit verankert ist, welchen Stellenwert das Thema genießt und wie dieses im Unternehmen gelebt wird. Gehen Sie hier im Recruitingprozess proaktiv vor, indem sie eine positive Einstellung zum Thema Elternschaft signalisieren und Unterstützungen präsentieren. So hat das Gegenüber die Möglichkeit in das Gespräch einzusteigen und Fragen dazu zu stellen oder sogar selbst Position zu beziehen, kann aber frei entscheiden, ob er oder sie sich dazu äußern möchte. Ähnlich können Sie in Mitarbeiter- und Entwicklungsgesprächen verfahren und so dem Thema Präsenz geben.

Wenn Sie den Prozess, der Mutterschaft im Unternehmen umfasst, klar skizziert haben ist es wichtig, diesen in die Belegschaft zu kommunizieren. In der Hauptverantwortung stehen hier die Führungskräfte, diesen in ihre Teams zu tragen und gleichzeitig diesen Prozess auch anzuwenden, so dass er auch gelebt wird. Es ist empfehlenswert, sofern vorhanden, in Führungskräfteentwicklungsprogrammen Prozesse wie diesen als festen Teil zu etablieren.

Flexible Arbeitszeit- und Arbeitsortgestaltung

Das Thema der flexiblen Arbeitszeit- und Arbeitsortgestaltung hat durch die Corona-Pandemie frischen Wind bekommen und ist aus unserer Erfahrung in der Zusammenarbeit mit vielen Unternehmen unterschiedlicher Branchen ein kontrovers und leidenschaftlich diskutiertes Thema. Im Grunde geht es dabei immer um zwei konkrete „Sorgen":

- Zum einen befürchtet der Arbeitgeber, dass durch die Integration von Homeoffice die Art der Zusammenarbeit an Kreativität verliert und somit auch die Teamkultur in Unternehmen darunter leidet.
- Die zweite Sorge bezieht sich meist auf bestimmte Mitarbeiter und Mitarbeiterinnen, die selbst in Präsenz im Büro und mit kontrollierter Zeiterfassung der Kategorie der Low-Performer zuzuordnen sind. Wenn jene dann die Möglichkeit haben, zu Hause im privaten Raum, ohne „Kontrolle" ihren beruflichen Aufgaben nachzugehen, wird nicht selten von der Führungskraft befürchtet, dass die Performance derer noch stärker absinkt.

Beide Sorgen sind vollkommen gerechtfertigt und absolut nachvollziehbar. Es rechtfertigt jedoch nicht, das „Werkzeug" der flexiblen Arbeitszeit- und Arbeitsortgestaltung kategorisch negativ zu bewerten und es für werdende Mütter bei deren Rückkehr nicht zu nutzen.

Um diesen beiden Sorgen zu begegnen, ist bereits im Recruiting-Prozess von Seiten der Führungskraft und von HR darauf zu achten, dass die neu eingestellten Fachkräfte ein dazu passendes Werte- und Performancegerüst mitbringen, welche Commtiment zum Unternehmen und Vertrauen möglich machen. Homeoffice und vertrauensvolles Arbeiten und Miteinander als Kulturmerkmal muss im Recruiting Prozess klar angesprochen werden.

Gleichzeitig ist es wichtig mit dem bestehenden Team Homeoffice und seine Chancen aktiv zu bearbeiten und bei der Einführung von Homeoffice genügend Zeit einzuplanen, das Team auf die Veränderungen mit dazugehörigen positiven sowie negativen Effekten vorzubereiten

Ein Praxisbeispiel:
Kürzlich durften wir einen Kunden in einer Teamentwicklung begleiten, bei welchem die Teammitglieder in ganz Europa verteilt sind. Ein Erfolgsfaktor dieses Teams ist, dass sie aufgrund der besonderen räumlichen Situation stark präventiv arbeiten und die vorherrschende

Herausforderung aktiv immer wieder in physischen Teamentwicklungsworkshops besprechen. In diesen Workshops steht im Fokus, vor allem die Dinge offen anzusprechen, die nicht funktionieren. Denn die größte Gefahr einer virtuellen Zusammenarbeit ist, dass auftretende Konflikte aufgrund des digitalen Raums entweder gar nicht oder falsch angesprochen werden. Meist ist dies der Fall, wenn Teams zuvor nicht genügend an der Teamidentität bzw. Teamkultur gearbeitet haben. Wir orientieren uns in Teamentwicklungen dieser Art am Team Performance Modell von Drexler/Sibbet. Dieser Teamentwicklungsprozess beginnt mit der Grundlage eines jeden Team – dem Thema Identität. Ein über ganz Europa verstreutes Team braucht eine gemeinsame Identität. Und diese Identität dürfen auch Teams, welche stark hybrid arbeiten bewusst machen und damit arbeiten. So haben auch Teams, in welchem Mütter die Möglichkeit haben, Beruf und Familie durch hybrides Arbeiten zu vereinbaren, große Erfolgschancen hervorragende Teamergebnisse zu liefern, ohne dass alle Teammitglieder ständig in Präsenz vor Ort sind.

Bei virtuellen Teams im Homeoffice sind feste Teamzeiten notwendig, die es damit auch Müttern in Teams leichter machen, Kontakt zum Team zu halten. Es muss gleichzeitig feste Tage geben (Taktung individuell definierbar), in denen Teams physisch wieder zusammenkommen. Ein Fehler ist dabei dringend zu vermeiden: Packen Sie diese Tage nicht voll mit Meetings und vor allem nicht mit alltäglichen und wiederkehrenden Themen. Geben Sie an diesen Tagen, an denen die Teams idealerweise, vollzählig physisch vertreten sind Zeit für Miteinander, Zeit für Team-Themen, Zeit für Team-Kultur und Zeit für Kontakt.

Ein Erfolgsfaktor für gelingendes Homeoffice sind die technischen digitalen Kommunikationsmöglichkeiten. Die flächendeckende Einführung von Zoom und Co. hat eine neue Art der Kommunikation im Unternehmen etabliert. Aus unserer bisherigen Erfahrung hierzu gilt es vor allem darauf zu achten, notwendige Kommunikations- und Verhaltensregeln zu beachten. Wir erleben es immer wieder, dass in Zoom-Calls einer gesamten Abteilung 75 Prozent der Kameras während des Calls ausgeschaltet sind.

Das heißt, die jeweiligen Sprecher sprechen ins Schwarze. Es sorgt für hohe Intransparenz und Spekalutionsspielräume: Ist der- oder diejenige ohne Bild überhaupt physisch anwesend? Beschäftigt er oder sie sich nebenbei mit etwas anderem? etc.

Wirkliche anwesend sein, bedeutet

- Respekt,
- Sichtbarkeit und damit
- (An-)Greifbarkeit, und zugleich
- Verbundenheit,
- Identität und
- ein Zusammengehörigkeitsgefühl im digitalen Raum.

Dies kann nur gelingen, wenn man die eingeschränkten Möglichkeiten zum persönlichen Kontakt auch vollumfänglich genutzt werden.

Wir empfehlen daher:
Machen Sie es zur Regel und damit zur Selbstverständlichkeit, dass Kameras immer angeschaltet sind! Sie schaffen damit Commitment zu Team, Fokus auf das Thema und die Arbeit und damit auch Verbundenheit.

Apropos „**Fokus auf das Thema und die Arbeit**":
Eine große Herausforderung für Mütter, welche im Homeoffice arbeiten. Meist verschwimmen die Grenzen zwischen Beruf und Privatleben im hybriden Arbeitsumfeld stark. Da steht der Laptop auf dem Küchentisch, ein Call wird zwischen schreiendem Kind und Terminbuchung für den nächsten Kinderarzt-Termin erledigt und wenn das Kind oder sogar die Kinder krank zu Hause sind, versuchen überambitionierte Mütter dieselbe Performance zu erbringen, wie ihre kinderlosen Kolleg:innen. Aus unserer Wahrnehmung ist das oft das falsche Zeichen von Loyalität zum Arbeitgeber. Unternehmen sollten – wenn es nicht im Übermaß vorkommt – durchaus Verständnis dafür haben, dass Mütter nicht wirklich produktiv arbeiten können, wenn nebenbei die Pflege des Kindes auf der Agenda steht. Hier ist das Homeoffice durchaus auch eine Gefahr für Überforderung und damit auch unzureichend guter Ergebnisse, weil die Versuchung oftmals groß ist, alles irgendwie unter einen Hut zu bekommen.

Das zweite wichtige Thema, vor allem für (werdende) Mütter, ist die Arbeitszeit. Ganz selten steigt eine werdende Mutter nach der Mutterschaft wieder als Vollzeit-Kraft ein. Dementsprechend braucht es im Unternehmen eine Haltung der Vereinbarkeit von Familie und Beruf, um wiederkehrenden Müttern flexible Arbeitszeitmodelle anbieten zu können. Einer der häufigsten Gründe für einen Wechsel des Arbeitgebers nach der Mutterschaft ist die nicht vorhandene Möglichkeit einer flexiblen Arbeitszeitgestaltung (siehe Kapitel 1).

> Um smarte und zeitgemäße Lösugen zu finden dürfen Unternehmen und Führungskräfte kreativ in alle Richtungen denken.

Zunächst braucht es aus unserer Erfahrung bei jeder Veränderung bzgl. der Arbeitszeiten der bestehenden Teammitglieder eine „Revision" der benötigten Arbeitszeit/Anzahl der Mitarbeiter für die zu verrichtende Arbeit. Führungskräfte brauchen hier eine detailliert aufgesetzte Übersicht über Aufgaben, Verantwortlichkeiten und Zeitaufwand. Meist fehlt diese detaillierte Auflistung. Daher geschieht es nicht selten, dass eine Vollzeit-Kraft (werdende Mutter oder bedingt durch eine Kündigung) geht und automatisch wieder eine Vollzeit-Kraft angefordert bzw. gesucht wird. Oftmals stehen hier die persönlichen Befindlichkeiten und Egos der Führungskraft im Vordergrund. In vielen Unternehmen befürchten Führungskräfte, dass die eigene Karriere leidet, wenn die Zahl der (Vollzeit-) Teammitglieder sinkt. Es herrscht nicht selten die inoffizielle Annahme vor: Ein wachsendes Team bedeutet mehr Verantwortung für die Führungskräft und somit eine größere Chance innerhalb des Unternehmens aufzusteigen.

Dieser Umstand macht es für wiederkehrende Mütter nicht immer leicht, da Teilzeit-Kräfte in vielen Unternehmen nicht gerne gesehen sind und mit vielen negativen Vorurteilen behaftet sind.

Wenn Sie als Führungkraft hingegen die bereits angesprochene Revision durchführen, die eigenen Befindlichkeiten hintenanstellen und es „riskieren" einen vermeintlich 40-Stunden-Job mit einer Teilzeitkraft zu besetzen, können Sie zum einen positiv überrascht werden und gleichermaßen Kulturwandel und Vorbild gestalten. Denn gerade Mütter sind in der Regel in ihrer neuen privaten Rolle als Mutter auf eins getrimmt: Effizienz! Nicht selten bewältigen Mütter in ihrer beruflichen Rolle als Teilzeit-Kraft mehr als die Führungskräfte in ihrer Revision eingeplant haben (siehe auch Kapitel 3 „Kompetenzen").

Wir hören in **Teamentwicklungen** sehr oft, dass Mütter in ihrer Teilzeit-Rolle die Teams vor allem dadurch überzeugen, dass sie hocheffizient arbeiten und somit einen unheimlich wertvollen Beitrag zur Teamleistung liefern. Nicht selten wird durch diese Konstellation eine fest eingeplante Vollzeit-Stelle in eine Teilzeit-Stelle umgewandelt.

Eine weitere Lösung für das Thema Arbeitszeit- und Arbeitsplatzgestaltung kann das seit Jahren in der Arbeitswelt diskutierte Modell der 4-Tage-Woche sein. Immer mehr Arbeitgeber wagen das Experiment der 4-Tage-Woche: Gerade bei diesem Thema spielt die vorhin beschriebene Effizienz eine große Rolle.

Es gibt zahlreiche Beispiele, bei denen nicht nur die Mütter in 4 Tagen genauso viel Produktives für das Unternehmen erarbeiten, wie in einer klassischen 5-Tage-Woche. Und der freie Tag kann natürlich hinsichtlich der Vereinbarkeit von Familie und Beruf sehr hilfreich sein. Denn damit haben in einer Partnerschaft beide jeweils einen Tag zur freien Verfügung, was für die Familie bedeutet, dass lediglich drei ganze Arbeitstage durch Fremdbetreuung und den damit organisatorischen Herausforderungen zu bewältigen sind.

Führung in Teilzeit

Viele Unternehmen bzw. Führungskräfte gehen immer noch davon aus, dass Führung ausschließlich in Vollzeit funktioniert. Es fehlen hier gelungene Praxisbeispiele und gleichzeitig Vorbilder, die vorangehen und Führung auf ein nächstes Level heben.

Führung bedeutet immer (zusätzlichen) Zeitaufwand und natürlich erleichtert es, wenn statt 30 Stunden volle 40 Stunden (oder mehr) zur Verfügung stehen.

Der Schlüssel zur Antwort, ob Führung in Teilzeit möglich ist, geht daher über die Frage: Wann ist eine Führungskraft eine gute Führungskraft?

Eine gute Führungskraft schafft es aus unserer Sicht in der zur Verfügung stehenden Zeit Erwartungen des Unternehmens, des Teams und an sich selbst zu erfüllen. Gleichzeitig aber vorab zu sondieren, welche Erwartungen er/sie überhaupt erfüllen kann und muss.

Unsere Praxiserfahrung hat gezeigt, dass eine gute Führungskraft folgende Eigenschaften besitzt, um erfolgreich zu sein: stimmige Kontaktqualität sowie Sparringspartner, Ermöglicher und Mensch sein.

Stimmige Kontaktqualität

Eine gute Führungskraft sollte zu sich selbst, zu Fachkräften, zur eigenen Führungskraft und zum Unternehmen eine stimmige Kontaktqualität haben. Eine stimmige Kontaktqualität zwischen Menschen besteht dann, wenn beide Parteien den Kontakt zueinander als qualitätiv hochwertig und angenehm empfinden sowie nachhaltig Lust und Interesse besteht den Kontakt aufrecht zu erhalten bzw. womöglich zu intensivieren.

Eine Führungskraft muss exakt wissen, welches Teammitglied wie viel Zeit von der Führungszeit braucht und wie sie es schafft, die jeweils individuellen Bedürfnisse auch zeitlich passend zu vereinen.

Ein schmaler Grat, der nicht selten eine große Herausforderung darstellt.

Diese Herausforderung ist mit Empathie zu bewältigen. Empathie heißt allerdings nicht nur das Einfühlungsvermögen für das Gegenüber zu besitzen, sondern vor allem auch zu sich selbst und ganz wichtig auch zur Situation.

Wenn die Führungskraft einschätzen kann, wann, wo und wie sie ihre Zeit verwendet, um einen stimmigen Kontakt zu all meinen Stakeholdern zu entwickeln, kann dies viel Zeit sparen und bedeutet im Umkehrschluss, dass auch wiederkehrende Mütter als Teilzeitkräfte in Führungspositionen bestehen können.

Sparringspartner sein

Sehr oft wird von einer Führungskraft erwartet, dass sie Sparringspartner ist. Ein guter Sparringspartner ist selten die beste Fachkraft mit dem größten Detailwissen. Ein guter Sparringspartner hört zu, schaut hin und stellt viele wichtige Fragen, bietet gelegentlich auch selbst Antworten für das Team an. Aber Führungskraft zu sein heißt nicht, alle Probleme alleine lösen zu müssen. Wir sprechen hier in der modernen Arbeitswelt von Empowerment. Ermächtigen Sie als Führungskraft ihr Team die gesuchten Antworten selbst zu finden bzw. zu erarbeiten. Auch das spart Zeit!

„Ermöglicher“ sein

Eine gute Führungskraft sollte in erster Linie der „Ermöglicher“ fürs Team sein. Die „Spielwiese“ bereiten und Gestaltungsmöglichkeiten fürs Team generieren. Enablement ist hierfür der moderne Begriff. Führungskräfte müssen nicht alles selbst umsetzen, sondern sind in der Verantwortung Räume zu schaffen, um Ergebnisse zu ermöglichen. Das Ergebnis wird von allen generiert, nicht nur von der Führungskraft allein.

Wir erleben immer noch viel zu oft, dass Führungskräfte ihre Vorbildrolle falsch interpretieren und glauben, sie müssen alles wissen, am längsten arbeiten und immer stabil sein. Das ist keine Aufgabe einer Führungskraft. Ganz im Gegenteil, diese Interpretation von Führung und übersteigerter Perfektionismus ist sogar hinderlich für ein funktionierendes Team.

Mensch sein

Bleiben Sie sich selbst treu als Führungskraft. Bleiben Sie Mensch und verstellen sie sich nicht. Viele sprechen hier oft von Authentizität, was nichts anderes heißt als nicht perfekt sein zu müssen, Schwächen zu zeigen, Fehler einzugestehen. In vielen Managementhandbüchern wird Professionalität als wichtige Führungstugend beschrieben. Viele interpretieren Professionalität mit „Keine Schwäche zeigen“, „Keine Emotionen zeigen“ etc. Das kostet viel Zeit und Energie, schmälert den Kontakt zu den Teammitgliedern – Perfektion schafft Distanz – und es zahlt nicht wirklich auf die Authentizität einer Führungskraft ein.

Kontakt ist nur ein Gefühl – denken Sie daran. Meist hat man kein gutes Gefühl, wenn man mit Menschen zu tun hat, die nicht authentisch sind. Das spürt man!

Diese genannten Aspekte einer guten Führungskraft haben nicht in Korrelation mit der Anzahl der Arbeitsstunden – also Vollzeit oder Teilzeit – vielmehr mit dem Reifegrad der jeweiligen Person. Eine gesunde Portion Zeitmanagement und ein guter Kontakt zu sich selbst reichen oftmals aus, um eine gute Führungskraft zu sein.

Wenn es eine Teilzeit-Führungskraft schafft, die zur Verfügung stehende Zeit für die wirklich wichtigen Dinge zu nutzen, kann diese Konstellation erfolgreich und sogar bereichernd für das Team sein. Denn Teammitglieder dürfen und müssen mehr in die Verantwortung kommen, werden dadurch im eigenständigen Denken und Handeln aktiviert und können so Unternehmenserfolg wirklich mitgestalten.

Vor allem die beiden bereits erwähnten Faktoren, Reifegrad und Zeitmanagement, sind aus unserer Erfahrung Punkte, die bei Müttern gut entwickelt und trainiert sind. Die Identitätsentwicklung bei der Mutter zahlt immer stark auf die eigene Persönlichkeitsentwicklung ein (siehe Kapitel 3). Zudem „muss" eine Mutter im privaten Kontext zwangsweise lernen mit der zur Verfügung stehenden Zeit zurecht zu kommen und priorisiert die Dinge zu „managen", die am wichtigsten sind. Aus unserer Sicht gute Voraussetzungen, um zur rechten Zeit später auch im beruflichen Kontext Verantwortung in Form einer Führungsposition zu übernehmen.

Finanzielle Unterstützung als unterschätzte Ressource der familienfreundlichen Kultur

Es ist keine neue Erkenntnis, dass Menschen nur sehr kurzfristig über monetäre Zuwendungen motiviert sind. Doch im Kontext der Vereinbarkeit ist die finanzielle Lage eines Elternpaares eine entscheidende. Die finanzielle Komponente ist bei vielen Menschen der Hauptentscheidungsfaktor, ob und wie Familienplanung gestaltet wird. Die Finanzen entscheiden:

- Können wir uns ein Kind leisten?
- Wer arbeitet wie viel?
- Können wir uns als Elternpaar Teilzeit leisten?
- Welche Betreuungseinrichtungen sind für uns möglich?
- Wo wollen und können wir wohnen? etc.

Die Finanzen werfen einen Rattenschwanz an neuen Fragen auf und sind daher gerade beim Thema der Vereinbarkeit so unglaublich wichtig. Aus diesem Grunde ist die finanzielle Untersützung seitens Unternehmen und Modelle der Vergütung und Unterstützung ein echter Wettbewerbsvorteil, der nur selten genutzt wird. Es geht hier wieder – wie so oft – darum, das Standard-Paket, das von Staat und Gesellschaft allgemein als gesetzt angesehen wird zu erweitern, erhöhen und smart sowie attraktiv zu gestalten.

Vorbild:
Die Unternehmensberatung Kearney macht es vor. So veröffentlichen sie in der Pressemitteilung „Kearney stärkt Gleichberechtigung mit neuem Familienpaket“ vom 2.6.2023 folgende interne Unterstützungsmöglichkeiten: (sihe https://www.de.kearney.com/pressecenter/article/-/insights/familyflexeurope)

- „Sechsmonatige vollbezahlte Auszeit nach der Geburt des Kindes.
- Anschließend besteht die Möglichkeit, sechs Monate in Teilzeit (mindestens 60 Prozent) zu arbeiten bei zusätzlicher Bezahlung von 20 Prozent des Monatsgrundgehaltes.
- Monatliche Zuschüsse für die Kinderbetreuung von bis zu 500 Euro monatlich, je Kind.
- Finanzielle Unterstützung bei Fertilitätsbehandlungen und Adoption in Höhe von bis zu 40.000 Euro.
- Verbesserte Unterstützung für beide Elternteile im Fall eines Schwangerschaftsverlustes.“

Das große Learning für alle Unternehmen, auch für diejenigen, die aus wirtschaftlichen Gründen nicht derart große finanzielle Zugeständnisse machen können: Listen Sie alle Standardleistungen auf und analysieren Sie, an welchen Stellen Sie mehr für die Mitarbeiter leisten wollen und können und vor allem wo individuell für Ihre Mitarbeiter der größte Mehrwert gesehen wird. Kulturell gibt es hier auch große Unterschiede: In einigen Branchen ist Lebenszeit die Währung, die glücklich macht. Daher freuen sich Mitarbeiter:innen hier vielmehr über Auszeiten, Teilzeitmodelle oder ähnliches. In wiederum anderen Unternehmen ist eine gute Kinderbetreuung unabdingbar. Also können hier finanzielle Unterstützungen zu Kinderbetreuungen attraktiv sein.

Analysieren Sie hier Ihre Unternehmenskultur: Was ist Ihren Mitarbeitern wichtig? Was motiviert sie? Was macht ihnen das (Eltern-)Leben einfacher und schöner? Und wo können Sie partnerschaftlich als Arbeitgeber einen Benefit leisten, der individuell für Ihre Mitarbeiter:innen Sinn stiftet.

Organisationen in der Organisation: Kinderbetreuung und Kantine

Der Klassiker unter den familienfreundlichen Maßnahmen ist die Kinderbetreuung. Dieses Feld ist am offensichtlichsten, da hier der größte Schmerzpunkt bei Eltern entstehen kann, sofern Betreuungsmöglichkeiten nicht gegeben sind. Wenn Sie in Ihrem Unternehmen eine Krippe und/oder Kindergarten etablieren, dann hat das folgende Vorteile:

- Sie ersparen ihren Mitarbeiter:innen die Suche und Organisation eines Betreuungsplatzes.
- Sofern die Einrichtung im Hause ist, verkürzen sich Fahrtwege, was wiederum positiv auf dem Arbeitszeitkonto erscheint.
- Eine betriebsinterne Kinderbetreuung kann eine finanzielle Entlastung für die Eltern darstellen.
- Durch die räumliche Nähe können Eingewöhnungen beschleunigt und vereinfacht werden, da die Kinder stets wissen „Mama oder Papa sind ja da." – was auch der Konzentration der Eltern zugutekommt.

Wir sprechen hier von Organsiationen in Organisationen. Das heißt auch diese müssen integriert werden. Sie können intern verankert sein, aber auch von externen Dienstleistern geführt wird.

Wichtig: Sollten Sie eine Kinderbetreuung intern etablieren wollen achten Sie auf die aktuellen Auflagen. Das ist oft nicht trivial.

Wenn Sie sich in Sachen Kinderbetreuung einen Wettbewerbsvorteil am Arbeitsmarkt verschaffen wollen, dann bieten Sie nicht nur Betreuung für die ganz Kleinen an. In den großen Konzernen gibt es oft noch eine Krippe und einen Kindergarten mit langen Öffnungszeiten. Sobald die Kinder jedoch eingeschult werden, stehen die Eltern erneut vor der Herausforderung eine qualitativ anspruchsvolle Nachmittagsbetreuung für Schulkinder zu finden. Die Anzahl der Hortplätze in Deutschland ist gering und die Qualität oftmals nicht besonders gut. In vielen Fällen sind es „Aufbewahrungsorte", in welchen keine pädagogische Arbeit stattfindet und Kinder lediglich beaufsichtigt werden.

Wenn Sie diese Chance von **Nachmittagsbetreuungen** nutzen wollen, dann achten Sie vor allem darauf, dass Sie pädagogisch ausgebildetes Personal akquirieren, das auch bei den Hausaufgaben helfen kann. Denn für berufstätige Eltern und deren Kinder ist es ein unglaublicher Kraftakt, wenn nach einem langen Arbeitstag dann auch noch am Abend konzentriert Hausaufgaben erledigt werden müssen.

Ergänzend dazu können Sie als Arbeitgeber punkten, wenn Sie für die Schulferien Betreuungsmöglichkeiten anbieten. Das ist einer der größten Herausforderungen für Eltern mit 28 Urlaubstagen die Kinder in den Schulferien mit 75 Tagen im Jahr gut untergebracht zu wissen.

Eine ebenso oft vergessene Ressource für Eltern sind Kantinen. In Skandinavien gibt es inzwischen viele Kantinen, welche ihren Mitarbeiter:innen anbieten das Abendessen von dort mit nach Hause mitzunehmen. Heißt konkret: Die Mitarbeiter:innen können das Abendessen vorbestellen und gehen dann auf dem Heimweg in der Kantine vorbei und holen sich das Essenspaket für das Abendessen für die ganze Familie. Das entlastet vor allem Eltern ungemein, da auch hier viel Zeit für Einkäufe und Zubereitung von Essen eingespart werden können und dieses wiederum dem Arbeitszeitkonto zugutekommt. Sprich, Mitarbeiter:innen können aufgrund dessen, dass sie sich nicht um das Abendessen für die Familie kümmern müssen, länger in der Arbeit bleiben und alle ToDos rund um das gemeinsame Abendessen entfallen, was wiederum nicht nur Zeit einspart, sondern auch den Kopf entlastet.

4.5 Coaching, Workshops, Onboarding Programme, Teamentwicklungen, Elternetzwerke

Um das Potenzial der Mütter heben zu können braucht es neben Mindset, Verantwortung und Kultur vor allem konkrete Maßnahmen. In Unternehmen sind Programme für Führungskräfte oder aber Entsendungen eine Selbstverständlichkeit. Die „Entsendung" in die Elternzeit und „Wiedereingliederung" von Müttern ist jedoch selten konkretisiert und wird ohne Plan und Ziel durchgeführt und auch standardisierte Entwicklungsmaßnahmen fehlen.

So liegt die Etablierung von Maßnahmen vor allem in der Verantwortung der HR-Abteilungen bzw. der Personalentwicklung eines Unternehmens. Im Folgenden finden Sie die wichtigsten Maßnahmen, Werkzeuge und Programme, welche aufgesetzt werden müssen, damit Vereinbarkeit ein Erfolgsfaktor für Unternehmen und Belegschaft ist. Diese müssen jedoch je nach Kultur, Branche und auch Entwicklungsstandes individuell angepasst werden.

Coaching und Workshops

Coaching ist nach wie vor eines der kraftvollsten Tools, um situativ und prozessbegleitend gerade Phasen der Veränderung positiv und gewinnbringend voranzutreiben. So unterstützen wir die Initative in vollem Maße Coaching für eine (werdende) Mutter, welche Potenzialträgerin im Unternehmen ist, als feste Maßnahme zu etablieren. Dies mag im ersten Moment als größere Investition – sowohl zeitlich als auch finanziell – erscheinen. Doch es ist eine Investition, sofern der Coaching-Prozess professionell aufgesetzt und auch vom Unternehmen unterstützt wird, die sich absolut lohnt:

- **Inhaltliche und persönliche Unterstüztung:** Vor allem in Veränderungsprozessen – und gerade eine Persönlichkeitsentwicklung wie die zur Mutter (siehe Kapitel 3) – ist es gewinnbringend, diesen mit externer Unterstützung zu durchlaufen. Nur so können Irritationen erkannt und frühzeitig konstruktiv gelöst werden, Bewusstheit für den Prozess und all die Herausforderungen geschaffen werden. Das Coaching schafft es daher, die Mutter vor allem in ihrer Abwesenheit mit ihrer Berufswelt im Kontakt zu halten und gleichzeitig vor allem den individuellen Entwicklungsprozess konstruktiv zu steuern. Coaching ist daher neben der professionellen inhaltlichen Begleitung ein festes Band zwischen Arbeitgeber und Mutter, welches diese Beziehung festigt.
- **Mitarbeiterbindung und Commitment:** Ein Coaching als Investition für die Mutter schafft neben all der inhaltlichen Entwicklungsthemen Commitment zum Unternehmen. Denn jede Investition in eine:n Mitarbeiter:in signalisiert Wertschätzung, Vertrauen und aber auch Bindung. Coaching ist daher nicht nur reines Entwicklungsinstrument, sondern auch eine wirkungsvolle Investition in Sachen Mitarbeiterbindung.

Idealerweise beginnt das Coaching noch vor der Elternzeit und wird während der Elternzeit fortgesetzt – der Turnus und die Intensität muss dann in Absprache mit HR und Führungskraft je nach Konstitution der Mutter individuell und flexibel festgesetzt werden – und findet vor allem beim Wiedereinstieg und idealerweise in den ersten 100 Tagen nach Wiedereinstieg erhöhte Präsenz.

> Achten Sie als Führungkraft und HR-Verantwortliche darauf den Coaching-Prozess zu begleiten und diesen nicht „einfach laufen zu lassen". Lassen Sie sich in regelmäßigen Abständen kurze Reports geben – inhaltlich wird selbstverständlich nur so viel berichtet, wie die Coachee das auch möchte. Aber zeigen Sie so Interesse und dass Sie als Unternehmen Teil des Coaching-Prozesses sind. Bleiben Sie so über den Entwicklungsprozess der Mutter auf dem Laufenden, was wiederum Kontakt und Bindung fördert.

Zur Auswahl der Coaches:

> Achten Sie bitte bei der Auswahl der Coaches, dass diese zum Coachee passen. Die Chemie zwischen den beiden muss stimmen. Unsere Empfehlung ist hier auch auf erfahrene Business-Coaches zurückzugreifen, die zum einen die Herausforderungen von Unternehmen kennen und so auch im Sinne der Gesamtorganisation ein Coaching aufsetzen können.

Ein Coach, welcher selbst Kinder hat, kann von Vorteil sein. Dies muss jedoch individuell nach Anliegen entschieden werden und sollte kein Ausschlusskritierium sein. Elternschaft kann auch befangen machen. Daher kann es auch Anliegen geben, in denen es sogar förderlich ist, einen Coach ohne Kinder zu wählen. Auch das Geschlecht des Coaches ist je nach Anliegen und vor allem Chemie zwischen Coach und Coachee frei zu wählen und hat damit keinen Einfluss auf den Coachinprozess. Wichtiger ist aus unserer Sicht die Praxiserfahrung im Unternehmen. Der Coach sollte die „Zwischentöne" in Unternehmen kennen, Dynamiken im Team selbst erlebt haben und erfahren haben, was gute Führung bedeutet.

Seit Jahren gibt es einen Trend zu „Mütter-Coaches". Mit Sicherheit gibt es auch hier sehr gute Coaches, doch vertreten diese oft ausschließlich die Perspektive der Mutter und nicht selten fehlen an dieser Stelle Praxiserfahrung in Unternehmen. Befangenheit, Subjektivität und Trigger könnten dadurch vorprogammiert sein.

Zeigen Sie sich als Arbeitgeber daher verantwortlich, eine professionelle Auswahl für den Coaching-Prozess zu treffen, damit auch konstruktiv in diesem Veränderungsprozess als Gewinn für die Mutter und das Unternehmen gearbeitet werden kann.

Entsendung in die Elternzeit und Onboarding-Programme zum Wiedereinstieg

Onboarding und Offboarding sind seit Jahren in der HR-Welt als gängige Begriffe etabliert. Beides beschreibt das „Aussteigen" oder (wieder) „Einsteigen" von Fach- und Führungskräften bei einem Neueinstieg in ein Unternehmen oder einer längeren Abwesenheit (wie Krankheit, Auslandseinsatz etc.).

Beide Prozesse, sowohl On- als auch Offboarding, sind für die Beziehungsgestaltung zu (werdenden) Müttern signifikant wichtige Faktoren. Leider haben bisher nur wenige Unternehmen speziell für diese Kategorie von Fach- und Führungskräften ein bereichsübergreifendes und im Unternehmen allgemein gültiges professionelle konzipiertes Off- & Onboarding-Programm für Mütter.

Diese Programme konzentrieren sich auf andere Themenschwerpunkte als bei Neueinsteigern oder Fach- und Führungskräften, die kündigungsbedingt oder aufgrund der Rente aussteigen und können daher nicht gleichermaßen für den On- und Offboarding Prozess übernommen werden. Es gilt hier einen für die besondere Herausforderungen der (werdenden) Mütter und den Bereich sowie Branche individuellen Prozess mit hilfreichen Bausteinen aufzusetzen.

Aus unserer Wahrnehmung sollten beide Programme, Offboarding (vor der Mutterschaft) und Onboarding (bei Wiedereinstieg), weitaus mehr persönlichkeits- und bedürfnisorientiert sein als z. B. bei der Rückkehr nach einem Auslandsaufenthalt.

An dieser Stellen der Hinweis auf Schaubild in Kapitel 2.4, in dem wir dargestellt haben, welche unterschiedlichen Foci bei den werdenden Müttern vorhanden sind, wie sich diese vor allem während Elternzeit verändern können und die maßgeblich auch das Wiedereinstiegsprogramm nach der Mutterschaft prägen sollte. Achten Sie als Führungskraft genau darauf, wo Ihre Mitarbeiterin aktuell steht, was Ihre Werte und Ziele sind und wie viel Engagement zu erwarten ist.

Das Offboarding-Programm wird nicht durch fachliche Arbeitsthemen überfrachtet. Hier herrscht zeitlich gesehen in den Wochen bevor die werdende Mutter in den Mutterschutz geht nicht selten Chaos, da die Übergabe an die in der Elternzeit verantwortliche Person unstrukturiert und nicht selten viel zu spät stattfindet. Es wird völlig außer Acht gelassen, dass die werdende Mutter durchaus viel früher aufgrund von Schwangerschaftskomplikationen dem Unternehmen nicht mehr zur Verfügung stehen kann. Planen Sie daher ausreichend Puffer und Zeit für die Übergabe ein. Wir empfehlen 6 bis 8 Wochen vor Beginn des Mutterschutzes.

Beginnen Sie mit dem Offboarding direkt nach Bekanntwerden der Schwangerschaft. Arbeiten sie mit Zeitplänen und Meilensteinen, definieren sie Verantwortlichkeiten – analog zum klassischen Projektmanagement. Ab Bekanntgabe der Schwangerschaft startet damit ein zusätzliches Projekt: Eine möglichst stressfreie Übergabe der Aufgaben auf eine andere Fachkraft im Team.

Das Onboarding aus der Elternzeit zurückkehrender Mütter gestaltet sich anders: Im Regelfall sollten Sie als Arbeitgeber vor dem ersten Arbeitstag der Mutter wissen, wie sie diese fachlich wieder einsetzen wollen. Und idealerweise kommunizieren sie dies der Mutter auch während ihrer Elternzeit.

> Wir möchten Ihnen für den Onboarding-Prozess einen wichtigen Impuls mitgeben: Achten Sie vor allem auf das Energie-Level der Mutter und auf die wahrgenommene Identitätsentwicklung der Mutter während ihrer Abstinenz.

Das Energie-Level der Mutter hängt stark vom Verlauf der Elternzeit ab. Entweder kommen energiegeladene Mütter zurück, die wieder richtig Anpacken wollen und sich freuen eine Abwechslung zum Mama-Dasein hinzu zu bekommen. Ebenso kann eine Mutter in den Job aus rein finanziellen Gründen zurückkommen und ist im Kopf und im Herzen noch mehr in der Elternzeit als im Büro. Wenn der Verlauf der Elternzeit allerdings für die Mutter enorm kräftezehrend war, sollten sie als Arbeitgeber bei der Onboarding-Phase auch darauf achten. Wir erleben immer wieder, dass das Onboarding einer wiederkehrenden Mutter eher einem BEM-Prozess (betriebliche Eingliederungsmaßnahme nach längerer Krankheit) ähnelt als einer Wiedereingliederung einer energetisch stabilen Arbeitskraft, die das Team sehr zeitnah wieder tatkräftig unterstützen wird.

Je nach Motivation und Energie-Level der Mutter gestaltet sich die Onboarding-Phase unterschiedlich und Sie als Führungskraft sind in der Verantwortung zu cruieren, welche Mutter da als Mitarbeiterin zurückkommt und diese gemäß ihren Erwartungen, Bedürfnissen und Persönlichkeit erfolgreich ins Team zu reintegrieren.

Teamentwicklungen vor, während und nach der Elternzeit

Wie bereits in Abschnitt 4.4 erwähnt ist es wichtig, regelmäßig Teamentwicklungs-Workshops als Führungskraft mit dem Team durchzuführen. Präventive Teamentwicklung ist zeit- und kostensparend sowie so viel effektiver für den Unternehmenserfolg. Denn nur so können Themen aktiv entwickelt werden, präventiv auf Herausforderungen eingegangen werden und alle Teammitglieder in die Verantwortung als Gestalter des Arbeitsalltags werden.

Als langjährige externe Begleiter von Teams stellen wir jedoch fest, dass die meisten Firmen das Werkzeug der Teamentwicklung lediglich reaktiv verwenden. In der Regel „ist das Kind bereits in den Brunnen gefallen", wenn wir als Teamentwickler tätig werden. Wir sind meist mit der Situation konfrontiert, dass bereits schwelende oder eskalierte Konflikte vorherrschen bzw. immer größer werden und der Auftrag an uns herangetragen wird, diesen zu moderieren bzw. zu lösen. Das bedeutet weitaus mehr Aufwand, da große Emotionen latent oder offen im Team vorherrschen, Verletzungen stattgefunden haben, welche Zeit und Energie zur Heilung brauchen und erst nachdem Destrukives aus dem Weg geräumt wurde, konstruktiv an den neuen Herausforderungen im Team gearbeitet werden kann.

Es ist daher eine Frage der Haltung, wie Arbeitgeber das Werkzeug „Teamentwicklung" verwenden! Wenn es ein Unternehmen versteht Teamentwicklung präventiv einzusetzen, um eine nachhaltige Stabilität im Team zu gewährleisten, ist viel gewonnen. Bei einer präventiven Verwendung verändert sich auch die Zielrichtung dieser Maßnahme von problem-orientiert zu performance-orientiert und Teammitglieder kommen viel mehr mit positiver Einstellung in diese Maßnahme. Teamentwicklungen eignen sich übrigens hervorragend auch eine noch größere Offenheit innerhalb eines Teams zu generieren.

Auch das trägt zu einer gewinnbringenden Prävention hinsichtlich der Stabilität eines Teams bei. Es lässt sich effektiv an den vorherrschenden Sorgen innerhalb eines Teams arbeiten. Wir erleben es sehr oft, dass Führungskräften nicht klar ist, welche Sorgen innerhalb eines Teams bestehen. In heterogen strukturierten Teams treffen nicht selten sicherheitsliebende und strukturierte Fachkräfte auf kreative, unstruktierte Köpfe, die mit einer gewissen Ungewissheit sehr gut zurechtkommen. Gerade mögliche zukünftig anstehende personelle Veränderungen innerhalb eines Teams, sei es durch Mutterschaft, Kündigung o.ä., rufen bei vielen Kräften oftmals früher Sorgen hervor, als gedacht.

Nutzen Sie daher Teamentwicklungen, um präventiv darüber zu sprechen, wie es ihr Team schaffen kann, personelle, strukturelle und auch strategische Veränderungen nachhaltig stabil zu meistern.

Eine weitere Herausforderung von Teamentwicklungen ist oft, einen Termin zu finden, an denen alle Mitglieder eines Teams auch wirklich die Zeit haben fokussiert daran teilzunehmen. Vor allem bei Teilzeitkräften oder Absenzen aufgrund von Elternzeit. Aber gerade das beschreibt den Wert eines Teams bzw. auch die Kultur innerhalb eines Teams, alles dafür zu tun, dass wirklich alle Mitglieder eines Teams bei einer Teamentwicklung miteinbezogen werden.

Eine klare Empfehlung ist, alles dafür zu tun, dass die Mütter innerhalb ihrer Mutterschaft das Gefühl haben, auch bei stattfindenden Teamentwicklungen Teil davon zu sein.

Zunächst muss zwingend die Einladung bzgl. der Teamentwicklung an die abwesende Mutter gehen. Wir erleben es sehr oft, dass diese nicht ausgesprochen wird bzw. (noch schlimmer) vergessen wird auszusprechen. Wir möchten daran erinnern, es geht um die Identität eines Teams und dem Zugehörigkeitsgefühl der Teammitglieder. Abwesende Mütter sind nach wie vor Teil des Teams! Und wir wissen aus der Praxis, dass es in der Regel nicht so einfach ist, Mütter während ihrer Elternzeit aktiv in eine geplante Teamentwicklung mit einzubeziehen. Sollte eine aktive Teilnahme nicht möglich sein, so kann ein abwesendes Mitglied eines Teams partiell über Zoom oder ein anderes digitales Medium dazu genommen werden. Dies bietet sich meist zu dem Zeitpunkt an, wenn es darum geht die erarbeiteten Ergebnisse des Workshops zusammenzutragen. Wenn auch das nicht möglich ist, halten wir es für essenziell wichtig, die abwesenden Teammitglieder im Nachgang zeitnah über die Ergebnisse des Workshops zu informieren. Möglich ist auch während des Workshops einen freien Stuhl als Symbol für die Mutter mit in den Teilnehmerkreis zu stellen. So wird diese zum einen nicht vergessen und man kann damit auch die Perspektive jener einnehmen: „Was würde sie dazu sagen?"

> Geben Sie den abwesenden Teammitglieder ein Gefühl der Zugehörigkeit – Kontakt ist nur ein Gefühl.

Perspektivenplanung mit High-Potential-Mütter

Es ist ein unausgesprochenes Geheimnis, dennoch neigen nach wie vor viele Unternehmen bei der Besetzung von Vakanzen dazu, eher einen Mann im gleichen Alter mit ähnlichem Werdegang einzustellen als eine junge ambitionierte weibliche High Potential, bei der eine Mutterschaft perspektivisch "droht".

Meist sind es persönliche Erfahrungen, Vorurteile oder aber auch Unternehmenskultur und damit die fehlende Perspektive für die nachhaltige Besetzung einer Stelle, die die Führungskräfte oftmals gegen eine Besetzung mit einer jungen weiblichen Arbeitskraft entscheiden lässt. Um Mütter als High-Potentials für das Unternehmen zu gewinnen und zu sichern, braucht es Eigenverantwortung und möglicherweise ein neues Mindset.

Werdende Mütter mit einem großen Potenzial wollen in der Regel beides vereinen – Familie und Beruf! Denn sie haben in den Jahren davor viel investiert. Zeit und Disziplin in die Ausbildung, Leidenschaft und Ideen in den Job. Dieser Invest soll nicht von heute auf morgen nichtig sein.

- Die gute Nachricht ist: Seit Jahren wollen auch immer mehr Väter Teil des Familienlebens sein, nehmen auch Elternzeit und werden damit auch zur „Gefahr", dass sie plötzlich ausfallen könnten, was wiederum auf Gleichberechtigung einzahlt.

- Die weniger gute Nachricht ist: Der Vereinbarkeitswunsch bzw. auch die damit verbundene Perspektivenplanung der Mütter ist keine lineare Entwicklung. Eines der großen Themen dieses Buches ist die Identitätsentwicklung der Mutter. Und genau diese sorgt hinsichtlich der Perspektivenplanung für mehr oder weniger große Haltungsveränderungen.

Wir lernen immer wieder die klassische „Karrierefrau" in Unternehmen kennen. Wenn wir das Privileg haben, Unternehmen viele Jahre zu begleiten erleben wir bisweilen, dass gerade diese „Karrierefrauen" ihre Haltung zur Arbeit während der Mutterschaft diametral verändern: Die Mitarbeiterin entwickelt sich selbst und das Unternehmen stark. Irgendwann kommt das Thema Mutterschaft und sehr zeitnah nach Geburt des Kindes ist das Ziel der ambitionierten Mitarbeiterin, schnell wieder in die Arbeit zurückzukehren. Für die verantwortliche Führungskraft wird es dann schwierig, wenn diese Mitarbeiterin während der Elternzeit feststellt, dass sich die Prioritäten bei ihr verschieben und die Karriere auf einmal weniger wichtig wird. Die Perspektive der Frau verändert sich – die des Unternehmens allerdings nicht. Die Mitarbeiterin muss sich aufgrund der neuen Umstände verändern und darauf müssen Unternehmen bzw. Führungskräfte flexibel reagieren (siehe auch Kapitel 3).

> Arbeiten Sie als Führungskraft hier präventiv und nutzen sie ab dem ersten Mitarbeitergespräch die Zeit, um die Perspektivenplanung mit der weiblichen High Potential in Szenarien zu besprechen. Zeigen Sie als Führungskraft, dass sie sämtliche Szenarien für möglich erachten, flexibel auf die jeweiligen Herausforderungen gemeinsam reagieren möchten und idealerweise mit der Fachkraft zusammen für alle Szenarien eine Lösung erarbeiten. Definieren Sie gemeinsame Ziele – kurz-, mittel- und langfristig. Und signalisieren Sie, dass Sie den Weg dorthin einerseits gemeinsam bewältigen möchten und andererseits mit dem Bewusstsein, dass Mutterschaft stetig Veränderungen mit sich bringt, flexibel den Weg dorthin anpassen werden.

Dafür braucht es die Verantwortung der Mutter offen und zeitnah über ihre jeweiligen Herausforderungen zu sprechen. Wenn Sie als Führungskraft offen damit umgehen, generiert das auch die größtmögliche Offenheit beim Gegenüber.

Machen Sie sich bewusst, dass Sie als Führungskraft nicht allein für die Lösung verantwortlich sind. Machen Sie Betroffene zu Beteiligten! Beteiligen Sie ihre High Potentials an der Lösung und bringen Sie so die Mitarbeiterin in Eigenverantwortung.

Eine nachhaltige und erfolgreiche Perspektivenplanung bedingt allerdings auch, dass Sie als Führungskraft während der Elternzeit zusammen mit der Mutter Perspektivenplanung im Auge behalten. Dies gelingt mit einer funktionierenden Regelkommunikation bzw. einem erarbeiteten Kontaktplan. Wir nennen diesen „Stay in contact" und wird ihnen später vorgestellt.

Eltern-Netzwerke und Mentoring-Programme

Eltern-Netzwerke sind eine effektive und zeitgleich kostengünstige Maßnahme, die in keinem Unternehmen fehlen sollten. Durch Eltern-Netzwerke schaffen Sie

- Sichtbarkeit und Spürbarkeit für das Thema Familienfreundlichkeit,
- Bindung von Eltern zum Unternehmen durch Integration in Belegschaft,
- Kontakt zum Arbeitgeber auch während der Elternzeit,
- eine Plattform, auf welcher neben Lernen voneinander auch schnell Handlungsfelder sichtbar und formuliert werden können,
- eine Gemeinschaft, die zur lernenden Organisation beiträgt.

Die Struktur solcher Eltern-Netzwerke lässt sich ganz unterschiedlich festlegen. Sie können reine Mütter- und Väter-Netzwerke etablieren. Das hat zum Vorteil, dass sehr viel spezifischere Themen in solchen Netzwerken Raum finden können. Vor allem in Väter-Netzwerken, wenn es um Themen wie Sichtbarkeit, Verantwortung oder Sexualität geht.

Tipp:
Ein sehr spannendes Interview, Folge 63 „Dann können Sie gleich zu Hause bleiben!" mit Volker Baisch von der Väter GmBH finden Sie im Podcast buSINNess MOM unter: https://businnessmom.captivate.fm/episode/dann-konne-sie-gleich-zu-hause-bleiben-businness-talk-mit-volker-baisch

In reinen Mütter-Netzwerken finden so auch frauenspezifische Themen wie Körperlichkeit, Intimität oder Rollenbilder Raum.

Die Gestaltung solcher Netzwerke sollte klaren und transparenten Regeln folgen. Es reicht nicht aus, zu erklären: „Es gibt nun ein Mütter-Netzwerk, das findet alle sechs Monate statt. Da könnt ihr euch dann austauschen."

Wichtig ist daher, zu klären:

- Wann genau – zu welchem konkreten Datum – findet ein Treffen statt? Kommunizieren Sie die Termine idealerweise bereits zu Jahresbeginn.
- Wann finden die Kick-Off-Treffen für neue Eltern statt? (Hier empfiehlt sich externe Unterstützung und eine Workshop-Einheit!)
- Wie lange dauern diese Treffen?
- Gibt es eine feste Agenda?
- Wer moderiert das Treffen? Extern oder intern?
- Wie viele Personen nehmen teil?
- Wo findet das Treffen statt?
- Gibt es ein übergeordnetes, aktuelles Thema, welches als Motto für den Austausch deklariert wird?
- Holen wir uns Impulse von außen durch Keynotes, Role-Models etc.?

Je strukturierter und auch inhaltsreicher solche Treffen stattfinden, desto effektiver werden diese wahrgenommen. Dies zahlt einerseits auf eine sich gegenseitig unterstützende und solidarische Organisation ein, schafft aber auch gleichzeitig Bindung, vor allem in dieser turbulenten Zeit der Elternschaft.

Für kleine Unternehmen mit weniger als 50 Mitarbeiter:innen, in denen es signifikant wenige Eltern gibt oder jene sich in ganz unterschiedlichen Lebensphasen befinden, ist zu empfehlen Netzwerke mit anderen Unternehmen zu schaffen. Dies hat zum Vorteil, dass sie sich komplett andere Perspektiven einholen können und so auch von anderen Branchen Lösungsvorschläge und Inspiration erhalten. In oberen Führungsebenen sind solche Tandems sehr beliebt. Meist laufen diese unter dem Namen Cross-Mentoring, in welchem jeweils Führungskräfte der gleichen Ebene aus ganz unterschiedlichen Branchen regelmäßig in den Austausch gehen, sich gegenseitig unterstützen und so voneinander lernen.

Mentoring-Programme sind jedoch vom Begriff her Programme in welchem man sich nicht auf Augenhöhe begegnet, sondern vielmehr ein:e jüngere:r Mitarbeiter:in mit kurzer Betriebszugehörigkeit von eine:r:m Älteren mit längerer Beteriebszugehörigkeit sowohl fachlich aber vor allem auch die kulturellen Gepflogenheiten des Unternehmens kennenlernen kann. Mentoring-Programme für Eltern sind daher eine insipirierende Sache: Denn so können ältere Mitarbeiter mit erwachsenen Kindern frisch gebackenen Eltern durch ihre rückblickende Perspektive unterstüzten, Stolpersteine vorab besprechen. Die Organisation kann damit echte Vorbilder stellen, welche aufgrund der Tabuisierung von Elternschaft rar sind, und damit Vereinbarkeit menschlich und greifbar machen und zugleich Offenheit schafft.

Wichtig für Eltern-Netzwerke und Mentoring-Programme:
Die Teilnahme sollte bereits während der Schwangerschaft beginnen und unbedingt auch in der Elternzeit, also während der Abwesenheit der Mutter oder Vaters, auf freiwilliger Basis fortgeführt werden. So schaffen Sie als Unternehmen Verbindlichkeit sowie Commitment und betonen den Stellenwert von familienfreundlichen Maßnahmen im Unternehmen, indem Sie als Unternehmen die werdenden Eltern frühzeitig als festen Bestandteil der Organisation integrieren.

4.6 Kommunikation - das A und O

Miteinander, guter Kontakt und Vertrauen sind die Erfolgsgaranten für Vereinbarkeit und einen konstruktiven gemeinsamen Weg durch die turbulente Phase der Mutterschaft. Gerade weil diese Phase so weiche und gleichzeitig hochsensible Themen aufwirft, ist es umso wichtiger sich hier handfeste Tools, Strukturen, Mindset und Leitlinien an die Hand zu nehmen. Es geht im Folgenden um

- vertrauensvolle Kommunikation zwischen Chef:in, Mutter, Team und Schnittstellen und wie diese konkret gestaltet werden können,
- Vereinbarungen und Leitfäden – wir nennen diese „Kontaktpläne“ – die Sicherheit, Verbindlichkeit und Bindung während der Elternzeit garantieren

- Ehrlichkeit, vor allem seitens Mutter. Denn nur wenn Mütter sich eingestehen, dass sie nun vor anderen und neuen Herausforderungen im Vergleich zu ihren kinderlosen Kolleg:innen stehen und diese auch offen, ehrlich und ohne Angst vorm Scheitern kommunizieren, können Arbeitgeber adäquat darauf reagieren und die erste fordernde Phase der Mutterschaft gemeinsam bewältigen.

Kommunikation der Schwangerschaft

„Wie sag ich's meiner Chefin?"

Gelungene Kommunikation beginnt bereits vor der Schwangerschaft. Es braucht einen guten Kontakt als Basis, damit wertschätzende Kommunikation stattfinden kann. Was jedoch oft passiert: bereits bei Bekanntgabe der Schwangerschaft finden emotionale Verletzungen, Enttäuschungen und Resignation statt, weil Kommunikation nicht professionell aufgesetzt wurde.

Im Falle, dass diese Kommunikation überhaupt stattfindet und das Wie, das liegt in der Hauptverantwortung der Mutter. Darauf haben Sie als Arbeitgeber, Führungskraft oder HR-Verantwortliche nicht viel Einfluss. Sie können jedoch durch Kommunikation des Prozesses, Verständnis für die besondere Situationen und Vorleben von Idealzuständen gelungener Kommunikation unterstützen und damit Verletzungen, welche anderweitig bis in die Elternzeit hineingetragen werden und so nicht selten zur (inneren) Kündigung seitens der Mitarbeiterin führen, vermeiden.

Ein Fahrplan für die gelungene Kommunikation der Schwangerschaft, welchen wir gerne Frauen an die Hand geben, sieht folgendermaßen aus:

1. Zeitpunkt der Meldung: Wann melde ich die Schwangerschaft meinem Arbeitgeber?
2. Mindset für das Gespräch: Positiv und klar
3. Form der Kommunikation: Schriftlich oder mündlich?
4. Kommunikationsweg: Zum direkten Vorgesetzten
5. Emotionen Raum geben: Alles kann und darf sein.
6. Folgetermine und Pläne erstellen: Lösungen schaffen.

Zeitpunkt der Meldung: Wann melde ich die Schwangerschaft meinem Arbeitgeber?

Gesetzlich gibt es keinen Zeitpunkt, wann eine Schwangerschaft gemeldet werden muss. Wir empfehlen dies aber so früh wie möglich zu tun, denn sobald die Schwangerschaft dem Arbeitgeber bekannt ist, ist die Mutter auch geschützt. Es besteht dann Kündigungsschutz. Für die Mütter selbst empfehlen wir die ersten 12 Wochen abzuwarten. (In den ersten 12 Wochen ist die Wahrscheinlichkeit für eine Fehlgeburt sehr viel höher als in den kommenden zwei Trimestern. 80 Prozent aller Fehlgeburten finden in den ersten 12 Wochen statt, danach sinkt das Risiko rapide. Die Zahlen über die Wahrscheinlichkeit schwanken hier stark, da diese Statistiken auch Aborte von unbemerkten Schwangerschaften beinhalten, d. h. die Mutter selbst wusste nicht von der Schwangerschaft und die Fehlgeburt verlief unbemerkt.)

Mütter sollten aber auch nicht so lange warten, bis körperliche Veränderungen deutlich sichtbar sind. Das befeuert Spekulationen auf dem Flurfunk, was wiederum Einbußen auf dem Vertrauenskonto verzeichnen lässt.

Ihre Erwartung als Arbeitgeber, wie mit der Meldung einer Schwangerschaft umgegangen wird dürfen und müssen sie offen im Team kommunizieren. Wie die Mutter selbst dann damit umgeht, liegt in ihrer Entscheidung und Verantwortung.

Mindset für das Gespräch: Positiv und klar

Frauen gehen oft verängstigt, zurückhaltend, verunsichert oder in Rechtfertigungshaltung in ein Gespräch mit ihrem/ihrer Chef:in, um die Schwangerschaft zu melden. Dies trägt nicht zu einer offenen Gesprächsatmosphäre bei und wird auch den bzw. die Vorgesetzte:n – das geschieht meist unbewusst – nicht in eine positive Haltung bringen. Es ist daher wichtig für die Belegschaft und auch die Frauen mit Kinderwunsch, dass Führungskräfte vorab immer wieder transparent machen, wie das Unternehmen und die Führungskraft selbst zum Thema Job und Familie stehen.

Idealerweise wissen sodann die Teammitglieder, dass die Arbeitgeberseite dem Thema positiv eingestellt ist und die Phase Mutterschaft als gemeinsames Projekt und als Chance gesehen wird. Denn die Nachricht an sich „Ich bin schwanger." ist erst einmal völlig wertungsfrei. Und diesen wertungsfreien Raum dürfen Führungskräfte auch wahren. Die werdende Mutter hat hier hingegen die Verantwortung möglichst klar zu sein, um diesen wertungsfreien Raum sichern zu können. Es geht im ersten Schritt lediglich um den Fakt, dass das Gegenüber versteht: Hier liegt eine Schwangerschaft vor.

Die Mutter sollte in diesem Gespräch auch schon mitteilen, wann der errechnete Entbindungstermin ist und wann ihr letzter Arbeitstag vor dem Mutterschutz sein wird. ToDos werden im nächsten Schritt definiert und in einem gesonderten Termin besprochen. In diesem wird geklärt, wie ein gemeinsamer Fahrplan für die Zeit, bis Mutterschutz und erste Zeit in der Elternzeit aussehen kann.

Form der Kommunikation: Schriftlich oder mündlich?

Wir empfehlen immer mündlich im persönlichen Gespräch im geschützten Raum, da nur so beide Parteien die Chance haben unmittelbar zu reagieren und dies auch wiederum Vertrauen signalisiert sowie unterstützt. Wenn sich die werdende Mutter damit wohler fühlt, aufgrund von Ängsten vor Kündigung oder Benachteiligung, ist es durchaus ratsam nach dem Gespräch nochmals eine E-Mail mit den kommunizierten und vereinbarten Aspekten zu versenden, sodass die Meldung mit Datum schriftlich festgehalten und im Falle eines Falles später ohne Umschweife zugeordnet werden kann. Kommunizieren Sie daher auch hier klar, welche Form der Kommunikation der Arbeitgeber präferiert. So geben Sie Ihren Miterabeiter:innen Sicherheit.

Kommunikationsweg: Zum direkten Vorgesetzten

Im ersten Schritt sollte immer der/die direkte Vorgesetze informiert werden. Nichts schmälert das Vertrauensverhältnis mehr, wenn der /die Chef:in die Nachricht in der Kaffeeküche nebenbei erfährt. Nach dem Gespräch zwischen werdender Mutter sollte sehr zeitnah das Team und andere Schnittstellen informiert und auch kommuniziert werden, dass bereits an Lösungen für Elternzeit und Wiedereinstieg gearbeitet wird. Denn nur so können Unruhen und Misstrauen im Team vermieden werden, welche anderweitig sonst Gift für den weiteren Verlauf in Abwesenheit der Mutter sein können. Die Führungskraft ist daher in der Verantwortung, dass Team, HR-Abteilung und Schnittstellen informiert werden. Das kann auch gemeinsam mit der Mutter kommuniziert werden oder an diese delegiert werden Doch die Verantwortung, *dass* kommuniziert wird, liegt beim Vorgesetzten.

Emotionen Raum geben: Alles kann und darf sein.

Eine Schwangerschaft ist immer emotional behaftet. Sowohl positiv als auch negativ. Die Mutter freut sich in den meisten Fällen einerseits, ist aber auch gleichermaßen verunsichert und verängstigt. Teamkolleg:innen sind verärgert, weil sie Mehraufwand befürchten. Chefs und Chefinnen sind möglicherweise genervt, weil es in diesem Jahr schon die dritte Schwangerschaft im Team ist und daher Progjektpläne ständig neu angepasst und Deadlines in Gefahr sind. All diese Emotionen sind verständlich. Und alle dürfen sein. Führungskräfte sind daher in der Verantwortung einen Raum zu schaffen, in dem alle Emotionen Berechtigung finden und auch sichtbar werden.

> Sprechen Sie im Team darüber, welche Emotionen aktuell existieren, begegnen Sie Ängsten frühzeitig und schaffen Sie diese idealerweise durch konkrete Pläne und Zuversicht aus dem Weg. Denn wenn Emotionen nicht gefühlt, hingegen unterdrückt werden, dann suchen sich diese auf andere Art und Weise ihren Weg an die Oberfläche und Kündigungen im Team, Rückzug einzelner Mitarbeiter bis hin zu Mobbing und Intrigen finden statt.

Folgetermine und Pläne erstellen: Lösungen schaffen

Nachdem die Schwangerschaft gemeldet wurde, sind sowohl Mutter und auch Vorgesetzte:r in der Verantwortung nach konkreten Lösungen für die Zeit bis zum Mutterschutz und die Zeit der Elternzeit sowie Wiedereinstieg zu suchen und einen Fahrplan aufzusetzen. Es macht keinen Sinn, Lösungen bereits im ersten Gespräch, in welchem die Schwangerschaft gemeldet wurde, zu suchen. Denn der / die Vorgesetzte wird in jedem Fall emotional reagieren – positiv oder negativ. So ehrlich darf man sein: Eine Schwangerschaft einer Mitarbeiterin bedeutet zunächst immer Mehraufwand für alle. Die Führungskraft muss die Zeit haben die Botschaft aufzunehmen und für sich zu verarbeiten. Erst dann sind Menschen in der Lage wirklich konstruktiv Lösungen zu finden. Es geht im ersten Gespräch ausschließlich darum, dass die Botschaft ankommt: Eine Schwangerschaft liegt vor. Vor diesem zweiten Gespräch dürfen und müssen sich sodann Mutter und Vorgesetzter um Lösungen kümmern, diese dann im Gespräch diskutieren und Entscheidungen für das weitere Vorgehen treffen. Dieser konkrete Fahrplan schafft sodann Verbindlichkeit, Sicherheit und gleichzeitig Bindung zwischen Mutter und Arbeitgeber.

Vorgesetzte sind sodann in der Verantwortung, dass diese getroffenen Vereinbarungen eingehalten, ggf. angepasst und vor allem ins Team und an verantwortliche Schnittstellen kommuniziert werden.

Kultur der Ehrlichkeit und Offenheit

„Der Mut nicht perfekt zu sein"

Zurückkehrende Mütter tun oft so, als ob sie keine Mütter wären. Sie tun nicht selten so, als ob sie immer noch die Frau, vor der Elternzeit seien. Was dahinter steckt ist ein Glaubenssatz:

> „Ich darf keine Schwäche zeigen! Denn wenn ich Schwäche zeige, ist die Karriere zu Ende. Ich bin immer noch genauso gut wie vor der Schwangerschaft. Die zusätzliche Belastung als Mutter darf niemand merken."

Aber wie es mit Glaubenssätzen so ist: Das stimmt nicht. Denn Schwäche zeigen schafft Nähe und Kontakt und Persönlichkeitsentwicklung findet ein Leben statt, egal ob Mutter oder nicht. Vielen Frauen fehlt es sich damit zu versöhnen, dass sie nicht perfekt sind und auch der Mut, das so zu leben. Das Bewusstsein, Schwäche zu zeigen ist ok und macht menschlich kann eine echter Game-Changer für jede ambitionierte Frau sein.

Dieses Phänomen der übersteigerten hohen Ansprüche ist nicht nur bei Müttern zu beobachten. In unseren Seminaren und Workshops sehen wir vor allem bei sehr jungen Frauen eine nahezu verbissene Haltung zum absoluten Perfektionismus. Da lautet der Glaubenssatz nicht selten: „Ich muss meine Jugend durch Kompetenz ausgleichen! Niemand darf sehen, dass ich noch nicht perfekt bin." Zum einen, auf lange Sicht funktioniert es nicht den schönen Schein aufrecht zu halten. Zum anderen büßt die Frau in dem Moment einen wichtigen Faktor ein: Es macht sie unecht und unmenschlich. Was wiederum Negativsalden auf den Konten Sympathie und vor allem Nähe verzeichnet. Fatal, wenn wir daran denken, dass Beförderungen nicht zu einem wesentlichen Teil von einem starken Netzwerk und Sympathien begünstigt werden.

Der Zwang zum Perfektionismus ist ein Grund, warum Mütter nicht ehrlich über ihre Schwächen sprechen. Es gibt aber auch noch einen weiteren und der ist begründet in den Medien, in der Werbung und auch in unserer Gesellschaft: Mutterschaft wird extrem verklärt, positiv dargestellt und verharmlost. Da sehen Sie lachende, gutaussehende Mütter mit einem ebenso lachenden Baby auf einer Picknick-Decke während, ganz nebenbei die neueste Version einer Windelmarke beworben wird. Das heißt, das Mutterwerden wird gefüttert mit rosaroten und himmelblauen Illusionen. Und natürlich will jede Frau die gutaussehende glückliche Frau auf der Picknick-Decke sein. Sätze wie „Muttersein ist das Schönste auf der Welt!" oder wohl gemeinte Wünsche wie „Genieße den Zauber der ersten Zeit!" oder „Dann hast du ja jetzt mit der Elternzeit ein Jahr Urlaub!" kollidieren dann mit der Realität und setzen die Frauen durch unrealisitsche und überhöhte Erwartungshaltungen unter Druck.

Doch: Ein Baby ist harte Arbeit. Gerade die Frauen, die bisher fleißig, diszipliniert, intelligent alles in ihrem Leben erreicht haben, scheitern nun in dieser Lebensphase. Weil es nun um eine ganz andere Art von Arbeit geht, vielmehr um körperliche Arbeit, die erst trainiert werden muss. Und genau dieses „Scheitern" an der neuen Aufgabe, weil sie ungewohnt ist, mag keine so recht zugeben. Es wird weiter mitgelogen, dass es das Schönste auf der Welt sei Mutter zu sein, dass jedes Lächeln des Kindes jede noch so kleine Anstrengung ausgleicht und dass Vereinbarkeit alles eine Frage der Organsiation ist. Schwächen zugeben und zeigen: Fehlanzeige.

Doch wir alle wissen: Schwächen sind menschlich, Schwächen schaffen Nähe, Schwächen sind normal. Indem wir Schwächen zeigen und auch offen und ehrlich zugeben, dass wir etwas nicht wissen oder können machen wir uns angreifbar und idealerweise, – in einer Arbeitgeber-Arbeitnehmer:innen Beziehung auf Augenhöhe – wird diese Form der Selbstoffenbarung als offenes Tor gesehen, um Kontakt aufzunehmen und neue Wege zu gehen. So der Idealzustand. Dass dies in der Realität oft ganz anders ist, Vorgesetzte sich in ihren Glaubenssätzen „Mütter wären nicht belastbar!" und Kollegen in ihren wie „Jetzt bleibt alles an uns hängen!" bestätigt sehen ist gar nicht so selten. Es zeigt wiederum sehr gut, wie wichtig es ist am Kontakt zwischen Vorgesetzten, Team und Mutter zu arbeiten, um wirklich eine stabile Vertrauensbasis zu haben.

Wenn eine Mutter in der Situation ist, dass sie ein berufliches Umfeld vorfindet, indem offen und ehrlich gesagt werden darf und sogar muss, dass sie als Mutter in der neuen Situation gerade vor Herausforderungen steht, die unlösbar scheinen, dann darf sich die Mutter und auch das Umfeld klar machen:

„Ein Kind zu haben ist keine Schwäche!"

Ganz im Gegenteil, ein Kind zu haben lässt uns wachsen, ob wir wollen oder nicht. Mutter- und auch Vatersein beinhaltet einen riesigen Blumenstrauß an neuen Aufgaben, die zum einen erst erlernt und dann auch trainiert werden dürfen. Es sind aber nicht nur die neuen Aufgaben, die unser Kompetenzrepertoire erweitern. Die Mutterschaft zeigt sämtliche Entwicklungsfelder auf und entwickelt diese sogar. Das heißt, ein Kind zu haben bedeutet, dass ich bereits viel Entwicklung hinter mich gebracht habe und auch noch mehr Entwicklung vor mir habe. Und darauf sollten Mütter vielmehr stolz sein. Sie sollten selbstbewusst aus der Elternzeit zurückkehren und sagen:

> „Wow, was ich heute an einem Tag schaffe, das habe ich früher nicht in einer Woche geschafft. Weil ich durch das Training Elternzeit effizient geworden bin. Zeit ist mein kostbarstes Gut."

Führungskrafte und Arbeitgeber können Glaubenssätze von Müttern nicht ändern, aber sie können hier wieder den Raum geben, damit dieses Selbstbewusstsein wachsen kann.

- Sprechen Sie darüber, dass Ihnen bewusst ist, dass Mutterwerden eine der heftigsten Persönlichkeitsentwicklungen ist. Zeigen und verbalisieren sie hier offen ihren Respekt – nicht nur der (werdenden) Mutter gegenüber, sondern im ganzen Team.
- Sprechen Sie auch bewusst darüber, dass Sie wisssen, wie fordernd die Elternschaft ist, bieten Sie Unterstütztzung an und signalisieren Sie Gesprächsbereitschaft.
- Sprechen Sie an, wenn Sie sehen, dass die Mutter überfordert oder ausgelaugt ist. Zeigen Sie, dass sie die Mutter wirklich sehen und gemeinsam mit ihr Lösungen generieren wollen.

- Thematisieren Sie, wenn Sie eine entwickelte Kompetenz bei der Mutter wahrnehmen, sei es, dass sie effizienter, fokussierter oder vielleicht auch in vielen Dingen gelassener geworden ist. Die Palette der Entwicklungsfelder ist hier unendlich.
- Kurzum: Signalisieren Sie eine wohlwollende Haltung und zeigen Sie echte Dankbarkeit und dass Sie die Mitarbeiterin wertschätzen.

Wenn Sie den Raum und eine Kultur der Offenheit, in der echtes Vertrauen untereinander fördern, dann hat die Mutter die Möglichkeit offen über ihre Herausforderungen zu sprechen und sie als Führungskraft können adäquat reagieren. Das obliegt der Verantwortung der Führungskraft.

Genau hier sehen wir eine der Hauptfaktoren, warum Vereinbarkeit nicht gelingt und die Arbeitgeber-Mutter-Beziehung dadurch auch belastet wird: Mütter sprechen, wie oben schon genannt, nicht über ihre echten Herausforderungen. Sie lächeln viel weg. Gehen über ihre eigenen Grenzen. Oft wird das erst sichtbar, wenn es dann zu spät ist: über Kündigungen oder gar körperlichen Kollaps. Diagnose Burn-Out.

Mütter müssen daher eigenverantworlich über ihre Herausforderungen und Probeleme sprechen. Ehrlich sein, und damit ist nicht gemeint zu jammern und in die handlungsunfähige Opferrolle zu gehen. Es bedeutet Eigenverantwortung für die eigenen Herausforderungen zu übernehmen. Interne Mütter-Netzwerke, sind hier eine gute Basis, da diese einen geschüzten und intimen Raum bieten können. Doch wichtig ist, dass Sie als Arbeitgeber und Führungskraft direkt und ehrlich über die aktuellen Probleme und Status Quo der Mutter Bescheid wissen. Denn nur so haben Sie die Möglichkeit wirklich adäquat und konstruktiv zeitnah zu reagieren und die Arbeit auf ein nächstes Level zu heben. Wenn die Mutter jedoch die schöne Fassade hochhält, dann tappen Sie als Arbeitgeber und Führungskraft im Dunkeln: Sie sehen möglicherweise keinen Handlungsbedarf, sehen keinen Anlass für Anpassungen. Denn vermeintlich ist alles in Ordnung.

Ermutigen Sie daher Mütter in ihrem Team Vorbild zu sein, indem sie ehrlich und authentisch sind. Es braucht eben ganu diese Vorbilder, die auch die Schattenseiten zeigen und so auch den Raum wieder für andere öffnen. Auch können sie ihre Sorgen, Nöte und Ängste kommunizieren.

Denn so können zum einen andere Frauen und auch das Team über die echten Herausforderungen der Mutter lernen, adäquat auf die echten Herausforderungen eingegangen und schnell Lösungen gefunden werden und so eine Kultur der Offenheit sowie folgerichtig Vereinbarkeit gefördert werden.

Wir vergleichen das mit einem mathematischen Bild. Vereinbarkeit ist eine Rechnung mit Konstanten und Variablen. Die Konstanten können die Aufgaben im Team sein, die Ziele des Unternehmens etc. Die Variablen hingegen sind die weichen Faktoren, die Dinge, welche Sie als Führungskraft immer neu einstellen, überprüfen und flexibel einstellen müssen. Die Mutterschaft ist eine solche Variable. Das bedeutet, wenn die Mutter ihnen nicht offen und ehrlich über ihre echten Themen und auch Schwächen spricht, dann rechnen Sie als Führungsrkraft mit den „falschen" Variablen, was wiederum ein völlig anderes und leider nicht der Realitiät etnsprechendes Ergebnis zur Folge hat.

Daher ist es so wichtig einen Raum und eine Kultur der Offenheit zu generieren, so dass die Rechnung der Vereinbarkeit auch aufgeht und Führungskräfte mit den richtigen Variablen rechnen können. Es ist wichtig, Mütter immer wieder zu ermutigen, ehrlich zu sprechen, unmittelbar Meldung über Veränderungen zu geben, auch wenn es mit dem gesellschaftlichen Bild der Frau und Mutter und auch mit den überhöhten eigenen Ansprüchen gepaart mit Perfektionismus, welche Frauen nicht selten zu geschrieben wird, kollidiert.

Führungskräfte sitzen in einem Boot mit ihrem Team, in welchem auch die Mutter ist. Das bedeutet konkret für die Führungskraft als „Kapitän", dass diese ihrer Mannschaft vertrauen können muss, wenn diese Informationen an die Führungskraft geben und diese demnach ihren Kurs anpassen. Wenn die Mutter nun, um in diesem Bild zu bleiben, berichtet, es ist heiter Sonnenschein und Windstille in ihrem Leben und dabei sieht sie selbst das tobende Unwetter nahen, dann haben Sie als Führungskraft keine Chance, das Boot rechtzeitig in Sicherheit zu bringen. Sie werden zusammen mit dem Team, wenn Sie nicht rechtzeitig reagieren und den Kurs ändern, Rollen neu verteilen etc., mit dem Boot in große Schwierigkeiten kommen oder sogar untergehen.

Kontaktpläne und Regelkommunikation in der Elternzeit

„Stay in Contact"

Um engen und wirklich stattfindenden Kontakt während der Eltenrzeit zu garantieren, empfehlen wir Kontaktpläne.

Kontaktpläne müssen immer individuell auf Ihr Unternehmen, die interne Kommunikations- und Führungskultur sowie Persönlichkeit der Mitarbeiter:innen und auch der jeweiligen Führungkraft abgestimmt sein. Für eine erfolgreiche Regelkommunikation während der Abwesenheit der Mutter sind aus unserer Sicht folgende Eckdaten zu beachten:

- Regelmäßigkeit
- Form der Kommunikation
- Dauer
- Inhalte

Regelmäßigkeit

Es gilt vor allem darauf zu achten mit der werdenden Mutter bereits vor der Mutterschaft zu erarbeiten, in welcher Regelmäßigkeit Sie sich austauschen wollen. Seien Sie sich bewusst, dass diese vereinbarte Regelmäßigkeit Ihres Austausches aller Wahrscheinlichkeit nach sich dynamisch verändern wird, da die werdende Mutter sich in den kommenden Wochen nach der Geburt selbst an die neue Situation zu Hause gewöhnen muss. Eine Planung vor der Geburt des Kindes kann nur in seltenen Fällen allzu verlässlich gemacht werden.

Form der Kommunikation

Wir halten es für sinnvoll die ersten Kontakte telefonisch abzuhalten, um die Diskretion zu wahren und der Mutter auch zu zeigen, dass sie den privaten Raum als Führungskraft anerkennen und wertschätzen. Wenn die Regelkommunikation fortschreitet und die Mutter ihren „Alltag" lebt, kann es durchaus auch eine gelungene Abwechslung sein, den Kontakt auch mal persönlich umzusetzen und sich auf einen Kaffee o.ä. zu treffen.

Dauer

Die Dauer ist abhängig von der Form – telefonisch oder vor Ort –, den Themen sowie der Persönlichkeit. Entwickeln Sie hier Feingespür dafür, wie viel Sie für sich investieren möchten und auch wie viel Zeit die Mutter für einen guten Kontakt braucht. Manchmal reichen bereits 10 Minuten, um sich gesehen zu fühlen, in anderen Situationen ist eine Stunde gerade mal ausreichend. Bleiben Sie hier flexibel und seien Sie hier auch wieder Manager zwischen Unternehmens- und Mitarbeiterinnen-Interessen.

Inhalte

Bei der inhaltlichen Gestaltung des Austausches empfehlen wir:

- Beginnen Sie gerne mit Input ihrerseits. Dieser darf (je nach Grad des Vertrauensverhältnisses) durchaus sehr persönlich, emotional und tief sein. Das entscheiden Sie als Führungskraft. Dadurch eröffnen Sie einen Raum, in dem alles gesagt werden darf und kann. Schaffen Sie Nähe und erzeugen sie von Anfang an Offenheit.
- Es macht Sinn inhaltlich fachlich einen kleinen Rückblick zu geben und auf fachlicher Ebene die Geschehnisse in der Abteilung zu schildern. Achten Sie hier immer auf ihr Gegenüber – sachlich-fachlich orientierte Mütter brauchen an dieser Stelle einen größeren Einblick als emotional orientierte Mütter.
- Wichtig ist, dass Sie beim Zurückblicken auf die vergangenen Wochen/Monate Interesse daran zeigen, was sich bei der „abwesenden“ Mutter getan hat. Hier gilt: Je persönlicher und tiefer der Einblick von Seiten der Mutter gewährt wird, umso wertvoller ist dies aus unserer Sicht und signalisiert Vertrauen. Gehen Sie daher wertschätzend und diskret mit Erzählungen vor. Sie können in diesen Gesprächen auch Information darüber erhalten, ob sich auf der emotionalen Ebene die Beziehung zum Arbeitgeber im Laufe der Zeit verändert oder nicht.
- Zu jedem Rückblick gehört ein Blick nach vorne. Auch hier dürfen Sie durchaus einen Einblick geben, was fachlich und emotional auf die Abteilung zukommen wird. Welche Veränderungen (strukturell,

personell, kulturell) wird es geben und welchen Einfluss wird dies auf die Abteilung haben. Informieren Sie die Mutter und geben Sie ihr bei dem Blick nach vorne das Gefühl an Board und nach wie vor Teil des Teams zu sein. Zeigen Sie Ihre Sorgen, Befürchtungen oder auch Ihre Vorfreude hinsichtlich der Zukunft und fragen Sie hier gerne interessiert nach, welche Sorgen oder Vorfreuden sich bei der Mutter ergeben werden, wenn sie nach vorne blickt.

- Schließen sie das Gespräch mit einer fixen Vereinbarung des nächsten Austausches ab. Hier halten wir es für absolut sinnvoll, dass das aktive Anrufen abwechselnd gestaltet wird. Bringen Sie auch die Mutter in die Verantwortung zum vereinbarten Termin aktiv anzurufen. Die Initiative muss nicht immer von Ihnen als Führungskraft kommen.

Die Regelkommunikation während der Elternzeit ist ein schlichtes, zeitsparendes und zugleich aber essentiell wichtiges Tool, um Kontakt zur Mutter zu halten. Wichtig ist, dass sie stattfindet und die Regelmäßigkeit eingehalten wird.

> Lassen Sie den Kontakt nicht abreißen. Blicken Sie zurück, blicken Sie nach vorne und erzeugen Sie eine Tiefe und Wertigkeit im Gespräch. Das schafft Vertrauen, Wertschätzung und Bindung. Und nicht zuletzt schaffen Sie es damit die Mutter mit „einem Bein“ im Unternehmen und als Mitglied des Teams zu halten.

Denn nicht selten geschieht es, wenn kein Kontakt stattfindet, dass eine Mutter, welche den Fokus auf Erfüllung im Job hatte, durch die ausnahmslose Anwesenheit in der Mütter-Bubble und Abwesenheit in der Arbeitswelt, ihre Werte relativiert und zum eigenen (Trug-)Schluss kommt: Der Job ist mir nicht mehr wichtig, ich bleibe jetzt lieber als Mama daheim bei meinem Kind!

Ein unterschätztes (Gefahren-)Potenzial

„Geschenke erhalten die Freundschaft... und die Mitarbeiterin."

„Tosender Beifall, helle Scheinwerfer, ein gutes Gefühl. Ich hatte es geschafft. Mit großem Babybauch stehe ich auf der Bühne. Kurz vor dem Mutterschutz durfte ich sozusagen als krönenden Abschluss den Eröffnungsvortrag auf einer Kundenveranstaltung halten. Als die Anfrage kam, fühlte ich mich geehrt, war aber anderesreits voller Respekt, da ich zu diesem Zeitpunkt bereits wusste, dass das mein letzter beruflicher Auftritt vor der Elternzeit werden würde und ich keine Ahnung hatte, ob ich mit Babybauch dann überhaupt noch einsetzbar bin. So hatte ich das dem Kunden auch kommuniziert. Dieser zeigte sich überaus verständnisvoll und signalisierte höchste Flexibilität. Und nun hatte ich es geschafft. Ich bin stolz auf mich, auch wenn mir die Schwangerschaft nicht nur auf den Bauch, sondern auch ins Gesicht geschrieben war und ich nach 45 Minuten Vortrag und Wasser in den Beinen eine Sitzgelegenheit herbeisehnen. Als ich die Bühne verlassen will, hält mich der Gastgeber auf. Einen Blumenstrauß und eine Geschenketüte in der Hand. Auf der Bühne lobt er mein Engagement und den „Mut, in meinem Zustand" auf eine Bühne zu treten. Naja, Zustand klingt dann doch etwas wie „Einschränkung". Doch sei's drum. Es ist ja nett gemeint. Er übergibt mir den Blumenstrauß, das Publikum applaudiert nochmals. Und während der Beifall verklingt und wir die Bühne verlassen, zieht er stolz eine Flasche Gin aus der Geschenketüte, die er mir gleichzeitig mit erwartungsvollen großen Augen vor die Nase hält: „Ich habe mir sagen lassen, den mögen Sie gern!" Und zwinkert mir zu."

Ein Beispiel aus der Kategorie: Gut gemeint ist nicht immer gut gemacht. Einer offensichtlich Schwangeren auf offener Bühne ein alkoholisches Geschenk zu übergeben, ist nicht nur mehr als peinlich. Sondern vielmehr zum Fremdschämen.

Geschenke werden gerade im Business-Kontext massiv unterschätzt. Denn machen wir uns klar, für was ein Geschenk steht: Zum einen soll es Dankbarkeit und Wertschätzung ausdrücken. Es kann auch als monetären Ausgleich dienen, anstelle von Geld gibt es etwas Materielles. Im Idealfall zeigt es, dass der Schenkende sich Gedanken über den/die Beschenkte:n gemacht hat und zeigt damit, dass er/sie weiß, was ihm oder ihr Freude macht. Denn letztlich sollen Geschenke im ersten Schritt gute Laune machen, aber langfristig gesehen als positives Erlebnis und damit als Kontaktbindungsinstrument im Gedächtnis bleiben.

Im obigen Beispiel mag das Geschenk vielleicht noch zum monetären Ausgleich und ein gut gemeintes Zeichen der Dankbarkeit sein, doch wenn das Geschenk signalisiert das Gegenüber nicht in der Gegenwart zu sehen – und das wäre bei einer Schwangeren sehr einfach – dann kann dieses Geschenk schnell in Frust und Ärger umschlagen. Freude macht es keine, vielleicht nur dahingehend, wenn man die Anekdote im Bekanntenkreis erzählt. Aber es hat keinesfalls einen langfristigen Effekt. Mit Sicherheit wird ein unpassendes Geschenk im Gedächtnis bleiben, aber mit negativem Beigeschmack und bleibender Distanz zum Schenkenden.

Häufig werden Gelegenheiten zu Beginn des Mutterschutzes verpasst. Der Klassiker: Es werden Blumen mit einem Gutschein für einen Online-Babyartikel-Shop – welchen die Mutter vermutlich noch von vielen anderen bekommen wird – verschenkt. Und das höchste der Gefühle ist dann der Kommentar: „Melden Sie sich doch, wenn das Baby da ist." Und Tschüss – Chance für nachhaltigen Wow-Effekt für immer vertan.

Wenn Sie als Arbeitgeber, Führungskraft oder Kollegin oder Kollege vor der Aufgabe stehen eine werdende Mutter in den Mutterschutz verabschieden zu wollen, dann stellen Sie sich bei der Geschenkeauswahl Fragen wie:

- Was verbindet uns als Arbeitgeber und Arbeitnehmerin?
- Was signalisiert Verständnis für die bevorstehenden Herausforderungen?
- Welche Vorlieben hat die werdende Mutter?
- Habe ich Kenntnis über das Baby (Geschlecht, Anzahl...)? Wie kann ich diese Kenntnisse im Geschenk ausdrücken?

Zeigen Sie vor allem Wertschätzung und dass Sie die Mitarbeiterin wirklich sehen, als Persönlichkeit, wertvolle Mitarbeiterin und Person, welche vor einer lebensverändernden Herausforderung steht.

Die Möglichkeiten sind hier unendlich. Dies kann eine Theaterkarte noch vor Geburtstermin sein – vorausgesetzt, die werdende Mutter ist körperlich fit. Das kann eine liebevoll und individuelle zusammengestellte Babybox sein. Dies kann ein Buch sein – oder wenn Sie wissen, dass die Mitarbeiterin Hörbücher bevorzugt ein Gutschein – welcher Wegbegleiter in der Elternzeit sein kann. Dies kann auch ein monatliches Blumen-Abo sein... und, und, und.

> Zeigen Sie durch die Geste eines Geschenkes echtes Interesse an der Mitarbeiterin und vor allem Respekt für die bevorstehende neue Situation.

Sie können die Verabschiedung auch komplett ohne Geschenk gestalten und der werdenden Mutter mitteilen, dass sie sich bewusst sind, dass keine:r weiß wie die Zeit mit Baby wird. Daher haben sich auch noch kein Geschenk gewählt. Sie würden sich wünschen, dass sich die Mutter zwei Monate nach Entbindung (vereinbaren Sie am besten schon einen Termin – verschieben kann man diesen immer noch) telefonisch bei Ihnen meldet. Denn Sie interessiert, wie es ihr geht und sodann könnten Sie darüber sprechen, über was die Mutter sich in diesem Moment freuen würde. Denn gerade bei Erstlingsmüttern, werden Wünsche erst durch den akuten Bedarf bewusst.

Dieses „Verschieben" des Geschenks nach hinten verschafft Ihnen zum einen die Möglichkeit einen ersten Termin mit Kontakt in der Elternzeit zu vereinbaren. Ob die Mutter das möchte, bleibt damit ihre Entscheidung. Zugleich zeigen Sie als Arbeitgeber, dass Sie verstanden haben, dass der Beginn von Mutterschaft eine individuelle und fordernde ist und Sie auch hier ihre Mitarbeiterin mit einem Geschenk, das wirklich Freude macht, unterstützen möchten.

> **Buchtipp** in eigener Sache für (werdende) Mütter, die nicht nur ihre Kinder lieben, sondern auch ihren Job: „No Mom is perfect!" Susanne Dietz, 2024. Metropolitan Verlag.

4.7 Zu guter Letzt: Verständnis – im Sinne von Verstehen – füreinander aufbauen

Zu guter Letzt ist uns eine Sache noch besonders wichtig. Eine Sache, die während des ganzen Buches latent und immer wieder sichtbar war. Eine Sache, die aber so essenziell für sämtliche Maßnahmen der Familienfreundlichkeit, Kulturentwicklung und gelungener Kommunikation ist. Wir sprechen vom Verständnis. Verständis füreinander. Für die jeweils andere Seite.

Es geht darum, dass sowohl Arbeitgeber – in Persona Führungskraft – als auch Mütter stets bereit sind, die Perspektive der anderen Seiten einnehmen zu können und zu wollen. Wenn dies nicht gelingt, und den Anspruch sollte auch niemand haben, dass es immer gelingt, dann kann es schlichtweg daran liegen, dass uns selbst die Erfahrung für die jeweilige Situation der anderen Seite fehlt. Es sollte jedoch dann möglich sein, wertungsfrei zu bleiben. Die Sachlage zu sehen, Emotionen gesondert zu bearbeiten. Und dann nachzufragen und ins Gespräch gehen. Signalisieren, dass man die andere Seite verstehen ***will***. Es geht dann um viel mehr als um Verständnis, im Sinne von „mal ein Auge zuzudrücken“. Denn diese Haltung macht das Gegenüber klein, kann sogar in die Opferrolle bringen. Und in der Opferrolle ist niemand handlungsfähig. Es geht viel mehr um Verstehen. Die Perspektive der Gegenseite als berechtigt zu betrachten und sich dann auf den Weg des Verstehens zu machen.

Ein Praxis-Beispiel:
Sie sind Führungskraft. Haben selbst keine Kinder. Mutter kommt aus der Elternzeit zurück. Aus der vorher sonst so toughen Karrierefrau ist eine weiche und sensible Mama geworden. Sie tut sich schwer ihr Kind in der Kita abzugeben, trägt permanent ein schlechtes Gewissen mit sich herum, was sie wiederum in der Arbeit massiv blockiert. Verstehen können Sie es nicht, denn sie wissen ja, dass diese Frau früher anders war.

Es gilt im ersten Schritt das, was ist, zu akzeptieren und da sein zu lassen. Im zweiten Schritt sind Sie als Führungskraft und Arbeitgeber jedoch in der Verantwortung die Lage der Mutter verstehen zu wollen, um mit ihr Lösungen zu schaffen, die ihre Arbeit wieder produktiver und schlussendlich ihr das Herz leichter macht.

Gehen Sie mit ihr ins Gespräch. Fragen Sie nach. Lassen Sie sich Beispiele geben. Fragen Sie nach Erklärungen ihrerseits. Wenn Sie das Gefühl haben, wirklich verstanden zu haben um was es geht – und meist geht es nicht wirklich um das, was offensichtlich ist – dann können Sie gemeinsam an Lösungen arbeiten.

Neues ausprobieren. Scheitern oder erfolgreich sein. Es bringt aber Sie beide, sowohl Sie als Führungskraft als auch die Mutter in die Selbstwirksamkeit, welche wiederum neue Gestaltungsräume eröffnet.

Man weiß aus der Sinnforschung, dass der Gestaltungswille, der in uns Menschen angelegt ist, der Antreiber ist aktiv zu werden, für sich und die eigene Werte einzustehen, um Sinn zu finden. Dann macht die Arbeit Sinn, dann macht das Miteinander Sinn und Unternehmen sind damit erfolgreich und Mitarbeiter:innen erfüllt.

Diese drei Prinzipien

1. Verstehen (wollen)
2. Machbarkeit / Selbstwirksamkeit
3. Sinn

entstammen der Theorie der Salutogenese von Antonovsky (1979). Wenn diese drei Komponenten in Kongruenz sind, dann ist ein System, eine Organisation oder ein Mensch gesund.

Daher, wenn Sie das nächste Mal Emotionen verspüren – Sachverhalte, die Sie triggern – gehen Sie im ersten Schritt in eine Haltung des Verstehens. Erkennen Sie Ihre Handlungsspielräume und kommen Sie daraufhin in die Selbstwirksamkeit. So erfahren Sie, Ihr Team und die komplette Organisation Sinn im Sein und Tun.

Ein Wort zum Schluss

Dieses Buch zu schreiben war etwas ganz Besonderes für mich. Denn ich hatte nicht geplant es zu schreiben, es kam wie selbstverständlich zu mir und wollte geschrieben werden. Und mit derselben Selbstverständlichkeit kam nach einigen Monaten mein Kollege Peter Kugler als Co-Autor zu den Themen Kontakt und HR-Maßnahmen hinzu.

Nach über vier Jahren „buSINNess MOM" machte es auf einmal Sinn. Sinn ein Buch für Arbeitgeber, Führungskräfte und HR-Verantwortliche zu schreiben. Ich hatte die letzten vier Jahre viel Herzblut und Zeit in meinen Podcast buSINNess® MOM gesteckt. Ich habe viele ambitionierte Mütter, die nicht nur ihre Kinder lieben, sondern auch ihren Job, erreicht. Doch in meiner Arbeit geht es darum, wenn Vereinbarkeit gelingen soll, dann müssen beide in die Verantwortung kommen: Mütter und ihre Arbeitgeber. Die smarten Arbeitgeber, Führungskräfte und HR-Verantwortliche, die habe ich kaum über den Podcast erreichen können. Ich vermute, weil der Leidensdruck bis dato noch nicht hoch genug war, das Potenzial der gut ausgebildeten Mütter in Fragen des Fachkräftemangels und Frauen in Führung zu heben. Die größte Last liegt hier immer noch bei den Müttern und damit auch die vermeintliche Verantwortung.

So war es nach einem kurzen Gespräch mit Dr. Jürgen Schechler, Programmleiter des UVK Verlags, klar: Meine Intiative buSINNess® MOM bekommt ein Buch. Ein Buch für smarte Arbeitgeber, Führungskräfte und HR-Verantwotliche, die es verstanden haben den Fach- und Führungskräftemangel mit der gezielten Förderung von Müttern zu beheben und die Arbeitswelt menschlich zu machen.

Ein Beitrag, den dieses Buch leisten soll: Verständnis für die Chance zu generieren, das Potenzial der Frauen, welche Mutter geworden und in vielen Fällen vergessen worden sind zu erkennen und mit strategisch smarten und ganzheitlichen Konzepten zu heben. Es geht mir aber auch darum, dass die Arbeitswelt dadurch mehr Sinn stiftet. Dass Frauen, welche viel in ihre Ausbildung und Job investiert haben, weiter gesehen und gefördert werden, eben auf der nächsten Entwicklungsstufe als Mutter. Ich möchte Bewusstsein schaffen, dass dieser Weg gemeinsam gegangen wird und so eine langfristige und erfüllende Arbeitnehmer-Arbeitgeber-Beziehung entstehen kann.

Ich bin jedoch realistisch und weiß, die Arbeitswelt wird immer mit Konflikten und Verletzungen behaftet sein. Eben weil überall Menschen arbeiten und weil niemand perfekt ist. Ich träume nicht von einer Arbeitwelt in der jeder Verständnis füreinander hat, in der Mitarbeiter:innen zu 100 Prozent commited sind, eine Arbeitswelt die rosarot und himmelblau ist.

Doch könnte ich mir etwas wünschen für eine Arbeitswelt, in der Vereinbarkeit Erfolgsfaktor von Unternehmen und Mitarbeiter:innen ist, dann wäre das eine konstruktive Krisenkultur.

Denn Krise bedeutet nichts anderes, als das ein System sich entwickelt und auf das nächste Level kommen will. Altes funktioniert nicht mehr und Neues ist noch nicht da. Dieses Vakuum gilt es auszuhalten und in dieser Zeit kraftvoll Neues entstehen zu lassen. Und gerade die Zeit der Mutterschaft ist eine solche Krise, bei der Mutter, dem Familiensystem und folglich auch dem Unternehmen. In vielen Unternehmen wird diese Krise bisher nicht besonders elegant gemeistert und damit die nächste Entwicklungsstufe verpasst. Es wird vielmehr weggesehen, weggelogen und weggerannt.

Daher wünsche ich mir vielmehr, dass Arbeitgeber sich dieser Krise bewusst sind, die Herausforderungen annehmen – wohlwissentlich, dass es mit Arbeit und Anstrengung verbunden ist – und gleichzeitig zu wissen, dass es Sinn macht. Weil die Arbeit an der Vereinbarkeit Entwicklung und damit die langfristige Sicherung von weiblichen Fach- und Führungskräften möglich macht möglich macht und die Unternehmenskultur auf das nächste Level haben kann.

Ich wünsche mir, dass Schwangerschaft und Mütter nicht als Problem, sondern als Situation gesehen werden, die aufzeigt, dass Leben wächst, das sich Neues entwickelt. Und wenn es die Organisation schafft mit dieser Bewegung des Entwickelns zu gehen, ambitionierte Mütter als Treiber für Entwicklung zu etablieren, dann steht innovativer, zeitgemaßer und vor allem menschlicher Arbeitswelt nichts mehr im Weg.

Quellen

Literatur

Allmendinger, Jutta (2009): Frauen auf dem Sprung. – Wie junge Frauen heute leben wollen. Die Brigitte Studie. München: Pantheon.

Allmendinger, Jutta (2010): Verschenkte Potenziale? – Lebensverläufe nicht erwerbstätiger Mütter. Frankfurt a.M.: Campus.

Allmendinger, Jutta (2021): Es geht nur gemeinsam! – Wie wir endlich Geschlechtergerechtigkeit erreichen. Berlin: Ullstein.

Bächmann, A.-C., Frodermann, C., Grunow, D., Hagen, M., Müller, D. (2019): Familienfreundliche Politik – alles andere als Gedöns! Forum IAB Direktlink: https://www.iab-forum.de/familienfreundliche-personalpolitik-alles-andere-als-gedoens/

Dietz, Susanne (2014): Sinnkrieger – Die 5 Stufen zu mehr Sinn in der Arbeit. München: UVK.

Kugler, Peter, Gatt, Christian (2023): Mit der Methodik des Kontaktmodells Führung und Kommunikation erfolgreicher gestalten. Freiburg: Haufe.

Van Scheppingen, M. A., Denissen, J. J. A., Chung, J. M., Tambs, K., & Bleidorn, W. (2018): Self-Esteem and Relationship Satisfaction during the Transition to Motherhood. Journal of Personality and Social Psychology, Ausgabe August 2018

Website-Links:

Pressemitteilung „Kearney stärkt Gleichberechtigung mit neuem Familienpaket" vom 2.6.2023 (Link https://www.de.kearney.com/pressecenter/article/-/insights/familyflexeurope)

https://www.bmwk.de/Navigation/DE/Fachkraefteland/home.html?etcc_cmp=fachkraefteland&etcc_med=sea&etcc_par=google-ads&etcc_ctv=mallgemein (24.9.2023)

Frauen in Teilzeit: https://www.destatis.de/DE/Presse/Pressemitteilungen/2022/03/PD22_N012_12.html (24.9.2023)

Anzahl kinderloser Akademikerinnen https://www.destatis.de/DE/Presse/Pressemitteilungen/2019/12/PD19_475_122.html#:~:text=Frauen Prozent20mit Prozent20akademischem Prozent20Bildungsabschluss Prozent20(Bachelor,etwa Prozen t2028 Prozent20 Prozent25 Prozent20auf Prozent2026 Prozent20 Prozent25. (24.9.2023)

Anzahl erwerbstätige Frauen ohne Kinder. „Ausgeübte Erwerbstätigkeit von Müttern". https://www.bmfsfj.de/resource/blob/93302/6a6368c5014a685b9f7627242c6cb0d1/ausgeuebte-erwerbstaetigkeit-von-muettern-data.pdf

Anzahl Abiturienten nach Geschlecht: https://www.bpb.de/system/files/dokument_pdf/201019_bpb_Abiturientenquoten_nach_Alter.pdf

Anzahl Frauen Hochschulreife https://www.destatis.de/DE/Presse/Pressemitteilungen/2023/02/PD23_074_21.html#:~:text=Zwei Prozent20Drittel Prozent20(67 Prozent2C2 Prozent20 Prozent25),es Prozent20noch Prozent2054 Prozent2C1 Prozent20 Prozent25.

Kinderlosigkeit bei Frauen: https://www.destatis.de/DE/Themen/Gesellschaft-Umwelt/Bevoelkerung/Geburten/kinderlosigkeit-und-mutterschaft.html#:~:text=Für Prozent20die Prozent20Frauen Prozent20der Prozent20Jahrgänge,insgesamt Prozent20liegt Prozent20sie Prozent20bei Prozent2020 Prozent20 Prozent25

Kontaktplan

Protokoll Kontakt Plan

Datum, Uhrzeit, Ort

Teilnehmer d. Gesprächs

Länge des Gesprächs

Rückblick (Infos/ Neuigkeiten)

Blick nach Vorne (Infos/Neuigkeiten)

Emotionale Verfassung der Mutter

Wichtige Themen / Infos für das Team

Beobachtungen während des Gesprächs

Wichtige Themen für das nächste Gespräch

Fahrplan Kontaktplan

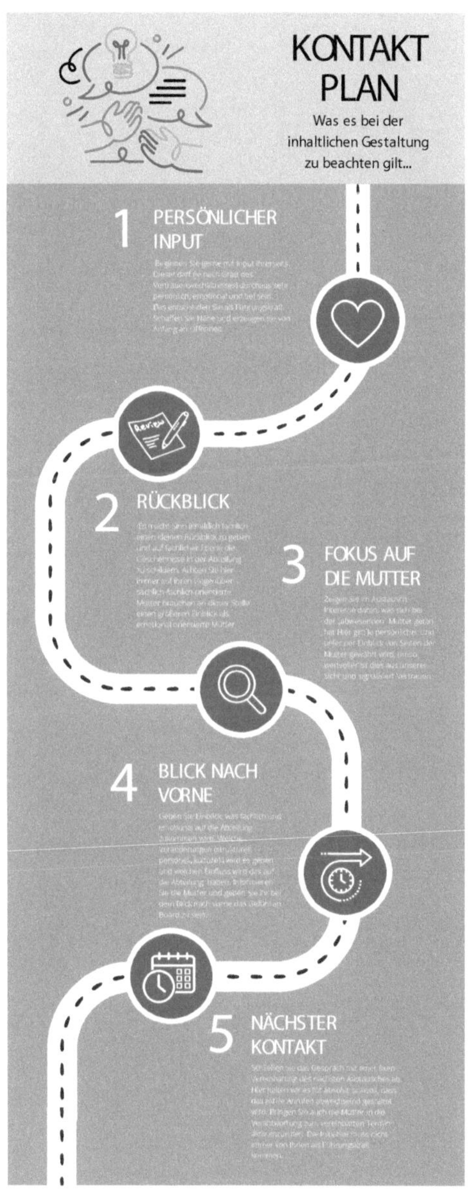

Index